柔性生产线装调与维修项目化教程

宁宗奇 张 蕊 茹秋生 主编

苏州大学出版社

图书在版编目(CIP)数据

柔性生产线装调与维修项目化教程／宁宗奇,张蕊,茹秋生主编. —苏州:苏州大学出版社,2024.10
ISBN 978-7-5672-4499-3

Ⅰ.①柔… Ⅱ.①宁… ②张… ③茹… Ⅲ.①自动生产线—安装—教材②自动生产线—调试方法—教材③自动生产线—维修—教材 Ⅳ.①TP278

中国版本图书馆 CIP 数据核字(2024)第 071828 号

柔性生产线装调与维修项目化教程

宁宗奇 张 蕊 茹秋生 主编

责任编辑 征 慧

苏州大学出版社出版发行
(地址:苏州市十梓街1号 邮编:215006)
江苏凤凰数码印务有限公司印装
(地址:南京市栖霞区尧新大道399号 邮编:210038)

开本 787mm×1 092mm 1/16 印张 13.25 字数 319 千
2024 年 10 月第 1 版 2024 年 10 月第 1 次印刷
ISBN 978-7-5672-4499-3 定价:49.00 元

图书若有印装错误,本社负责调换
苏州大学出版社营销部 电话:0512-67481020
苏州大学出版社网址 http://www.sudapress.com
苏州大学出版社邮箱 sdcbs@suda.edu.cn

前言 Preface

随着技术日新月异的发展，模块化柔性制造系统在工业生产中的应用越来越广泛。为更好地实现学习内容与生产实践结合，课程与岗位对接，满足"工学结合、任务驱动"教学模式的要求，特编写本书。

本书以典型的柔性生产线装调设备为载体，将内容分为 14 个学习任务，每个学习任务都有具体的任务目标、任务内容、分析与总结、思考与练习。在任务设计上遵循学生的学习和认知规律，从系统总体认知、机械手的拆装、传送带的拆装、气动回路的连接与调试、气动机械手的装配与调试，到电气控制线路接线、传感器的接线与应用、S7-1200 PLC 硬件线路的连接、S7-1200 PLC 编程与应用，再到编码器的接线与应用、交流电机接线与控制、步进电机接线与控制、伺服电机接线与控制，最后到系统故障诊断与维修，由浅入深、循序渐进。学习任务涵盖了柔性生产线装调与维修所需要的机械、气动、电气、PLC 以及维修的典型应用和基本技能。通过学习，学生可以较全面地掌握柔性生产线装调与维修的基本知识和技能。

本书在充分吸收国内外先进职业教育理念的基础上，参考了兄弟院校一体化教学改革的经验，在编写过程中，力图使教学内容与生产实践紧密结合、通俗易懂，方便教师教学、学生自学，切实提高学生分析问题和解决问题的能力。

本书由上海工程技术大学高等职业技术学院、上海市高级技工学校宁宗奇、张蕊、茹秋生编写。其中任务1—任务7、任务11—任务12 由宁宗奇编写，任务8—任务10 由张蕊编写，任务13、任务14 由茹秋生编写，全书由宁宗奇负责统稿。

本书的编写得到了一些行业专家以及兄弟院校的大力支持，在此向各位同行表示衷心的感谢。

由于编者水平有限，书中难免有疏漏之处，恳请广大读者批评和指正。

目录 Contents

任务1　系统总体认知 ··· 1
　　子任务1　系统结构的认知 ·· 1
　　子任务2　系统功能与工作过程的认知 ······································ 9
任务2　机械手的拆装 ·· 12
　　子任务1　机械装配基础知识 ··· 12
　　子任务2　常用装配工量具的认知 ··· 14
　　子任务3　学习常见的机械部件装配 ······································· 16
　　子任务4　机械手的装配 ··· 19
任务3　传送带的装配 ·· 21
任务4　气动回路的连接与调试 ·· 23
　　子任务1　气动元件的认知 ··· 23
　　子任务2　气动回路图的认知 ··· 26
　　子任务3　FluidSIM气动仿真软件的使用 ··································· 28
　　子任务4　气动回路的连接与调试 ··· 34
任务5　气动机械手的装配与调试 ·· 36
任务6　电气控制线路接线 ·· 38
　　子任务1　低压电器元件的认知 ··· 38
　　子任务2　电气原理图的认知 ··· 42
任务7　传感器的接线与应用 ·· 44
　　子任务1　传感器的认知 ··· 44
　　子任务2　磁感应式接近开关的认知 ······································· 46
　　子任务3　光电接近开关的认知 ··· 48
　　子任务4　电容接近开关的认知 ··· 51
　　子任务5　电感接近开关的认知 ··· 53
　　子任务6　传感器与PLC的连接 ··· 54
　　子任务7　接近开关的进一步认知 ··· 57

| 任务 8 | S7-1200 PLC 硬件线路的连接 | 60 |

　　子任务 1　S7-1200 PLC 硬件的认知 60
　　子任务 2　S7-1200 PLC 硬件线路的连接 67

| 任务 9 | S7-1200 PLC 编程与应用 | 73 |

　　子任务 1　TIA Portal 编程软件界面认知 73
　　子任务 2　S7-1200 PLC 设备与网络组态 81
　　子任务 3　S7-1200 PLC 程序编写与下载 99
　　子任务 4　S7-1200 PLC 基本指令与应用 105
　　子任务 5　S7-1200 PLC 定时器与计数器指令的应用 114
　　子任务 6　S7-1200 PLC 程序设计方法 123
　　子任务 7　S7-1200 PLC 的数据存储与数据类型 130
　　子任务 8　S7-1200 PLC 与 MCGS 触摸屏通信 135

| 任务 10 | 旋转编码器的接线与应用 | 145 |

　　子任务 1　旋转编码器的认知 145
　　子任务 2　旋转编码器应用与 PLC 编程 147

| 任务 11 | 三相异步交流电机接线与控制 | 150 |

　　子任务 1　三相异步交流电机的认知 150
　　子任务 2　变频器的认知 153
　　子任务 3　用 PLC 控制变频器和交流电机 157

| 任务 12 | 步进电机接线与控制 | 159 |

　　子任务 1　步进电机的认知 159
　　子任务 2　步进电机驱动器的认知 161
　　子任务 3　用 PLC 控制步进电机 164

| 任务 13 | 伺服电机接线与控制 | 171 |

　　子任务 1　伺服电机的认知 171
　　子任务 2　伺服驱动器的认知 172
　　子任务 3　用 PLC 控制伺服电机 178

| 任务 14 | 系统故障诊断与维修 | 180 |

　　子任务 1　故障诊断与维修基础 180
　　子任务 2　机械故障诊断与维修 184
　　子任务 3　气动系统故障诊断与维修 188
　　子任务 4　电气系统故障诊断与维修 193

任务 1　系统总体认知

➢ 了解系统的组成结构,明确系统各个部分的作用。
➢ 明确系统要实现的总体工作目标。
➢ 了解系统设计的方法、思路及应该注意的问题。

子任务 1　系统结构的认知

一、任务目标

(1) 了解系统的整体组成。
(2) 了解各组成模块在系统中的地位、作用及相互之间的关系。

二、任务内容

1. 系统的整体组成

如图 1.1.1 所示,本系统模拟典型的生产线系统,包含环形板链输送分拣模块、长行程机械手搬运模块、恒速加工模块、机械手装配模块、堆垛机械手入库模块及 PLC 控制与触摸屏监控模块等。整体结构采用开放式和模块式设计,可以组装成一个机电气一体化设备。

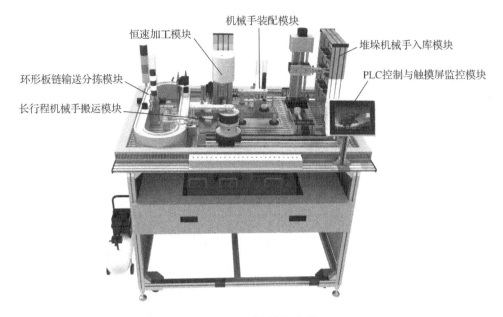

图 1.1.1 系统整体外观

2. 环形板链输送分拣模块

环形板链输送分拣模块由环形板链输送机、井式上料气推供料装置、3 个不锈钢管气缸、色标传感器、材质传感器、漫反射光电传感器等组成。该模块主要完成将工件依次送至板链输送机构上。环形板链输送分拣模块是系统中的起始单元,在整个系统中,起着向系统中的其他模块提供原料的作用。

模块可以将待加工工件按任意顺序放置在井式上料气推供料装置(图 1.1.3)的有机玻璃管内,由 1 号不锈钢管气缸依次将工件推至环形板链输送机上,经色标传感器和材质传感器检测后,由 2 号不锈钢管气缸将黑色工件推至送料平台上,由 3 号不锈钢管气缸将白色工件推至储料仓区域,然后由长行程机械手依次将其抓取,输送到其他模块区域;同时随着 1 号不锈钢管气缸退回,井式上料气推供料装置有机玻璃管内的工件按垂直顺序依次落料。

(1) 环形板链输送机。

如图 1.1.2 所示,环形板链输送机以标准板链为承载面,由减速马达提供动力。输送机一侧铝型材立柱支架安装漫反射光电传感器、色标传感器、材质传感器,用来检测工件颜色和材质等信息,检测结果通过总控通信,为后续加工、组装和堆垛入库等作业做好准备。

图 1.1.2　环形板链输送机

（2）井式上料气推供料装置。

如图 1.1.3 所示，井式上料气推供料装置由铝型材支架、对射光电传感器、井式料仓有机玻璃管、不锈钢管气缸、推料楔块、黑白两色铝制/尼龙工件等组成。

图 1.1.3　井式上料气推供料装置

井式上料气推供料装置布局于环形板链输送线内侧，铝合金型材支架，安装有磁性开关，由不锈钢管气缸上的推料楔块推动工件作为动力，逐次推出井式料仓有机玻璃管内的工件，送至环形板链输送线机构上。井式上料气推供料装置上安装有对射光电传感器，用于检测内部工件有无信息。

3. 长行程机械手搬运模块

长行程机械手搬运模块（图 1.1.4）由长行程机械手上、下两部分组成，可以实现平移、旋转、升降、夹取等动作。上部由步进电机连接谐波减速器驱动，可自由旋转；其上方安装气动机械手，可实现升降、夹取动作。下部为同步齿形带传动直线平移台，由伺服电机驱动，可实现直线往复移动。该模块平移运动范围为 700 mm；旋转运动范围为 180°；升降行程为 30 mm。

图 1.1.4　长行程机械手搬运模块

长行程机械手搬运模块通过长行程机械手末端气动手爪工具将工件自动拾取,分别搬运至加工区、装配区和仓储区,完成机械手工件转运作业。

4. 恒速加工模块

如图 1.1.5 所示,恒速加工模块由恒速加工装置与外罩、气动定位夹具装置、漫反射光电传感器等组成。

图 1.1.5　恒速加工模块

工件被搬运到加工平台上,经漫反射光电传感器检测后,由气动定位夹具装置将其夹紧,电动主轴通过双轴气缸装置向下运动,并带动工件下降,电动主轴启动后,模拟开始加工工件内部的小孔。

(1) 恒速加工装置。

如图 1.1.6 所示,恒速加工装置由双轴气缸带动电动主轴工具向下运动。电动主轴工具采用直流电机连接行星减速器结构,末端连接刀具夹头,可安装直柄麻花钻、直柄键槽铣刀等,同时配备气动定位夹具装置,模拟铣床钻孔工序加工等操作。

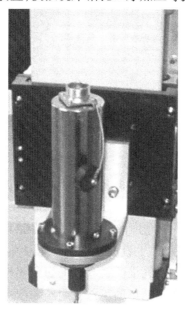

图 1.1.6　恒速加工装置

(2) 气动定位夹具装置。

如图 1.1.7 所示,气动定位夹具装置固定于加工平台上,由铝合金加工制成,采用双轴气缸驱动,配置漫反射光电传感器,用于检测工件。当工件被机械手搬运到位后,电磁阀动作,控制气缸夹紧工件进行加工。

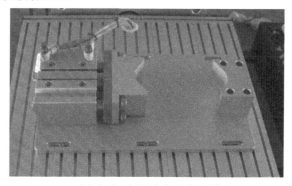

图 1.1.7　气动定位夹具装置

5. 机械手装配模块

如图 1.1.8 所示,机械手装配模块由一号井式上料气推配料仓、二号井式上料气推配料仓、装配平台及定位装置、漫反射光电传感器、气动机械手(图 1.1.9)、2 个不锈钢管气缸等机构组成。

图1.1.8 机械手装配模块

长行程机械手(图1.1.4)将恒速加工完成的工件搬运至装配平台定位装置内,4号不锈钢管气缸将一号井式上料气推配料仓内的白色工件推动至小凸台上,根据装配需要,5号不锈钢管气缸可顶推移动平台,使移动平台随丝杠滑动至对准二号井式上料气推仓出料口,4号不锈钢气缸即可将二号井式上料气推配料仓内的黑色工件推动至另一小凸台上,然后机械手通过真空吸盘将小凸台上相应颜色的工件吸附至装配平台上,与加工完成的工件进行装配作业。

气动机械手由铝合金支架、回转气缸、导杆气缸、连接板和真空吸盘组成,回转气缸串联固定于铝合金支架之上,通过连接板连接导杆气缸,真空吸盘通过长连接板与导杆气缸连接,从而构成旋转、升降、吸附等作业机械手,如图1.1.9所示。气动机械手气动元件如图1.1.10所示。

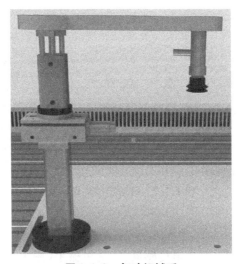

图1.1.9 气动机械手

（a）导杆气缸　　　　　　　（b）回转气缸　　　　　　　（c）真空吸盘

图 1.1.10　气动机械手气动元件

6. 堆垛机械手入库模块

如图 1.1.11 所示，堆垛机械手入库模块由三层三列立体仓库、堆垛机械手、缓存台及定位装置、漫反射光电传感器等组成。

图 1.1.11　堆垛机械手入库模块

由长行程搬运机械手末端气动手爪工具先将装配完成的成品搬运至缓存台的定位装置内，然后堆垛机械手将其抓取后根据颜色和材质等信息按预设仓格位置进行入库作业。

（1）堆垛机械手。

堆垛机械手主要采用三自由度直角坐标结构形式，尺寸和行程与铝合金立体仓库相匹配，执行机构由 X 轴和 Z 轴直行导轨、X 轴和 Z 轴丝杆、两套步进电机组成，移动滑块上水平安装 Y 向伸缩双轴气缸，双轴气缸末端水平方向安装气动手爪工具，用于将缓存台定位装置上组装好的工件抓取并存储至立体仓库对应的仓格内。

（2）缓存台。

如图 1.1.12 所示，缓存台由铝型材支架和扁平型材桌面组成，桌面上安装有自制定位夹具装置以固定相应颜色和材质成品，从而保证成品放置位置的精准性，并配置漫反射光电传感器，用于检测工件。

图 1.1.12　缓存台

（3）立体仓库。

铝合金立体仓库由铝合金支架、仓位平板、检测传感器等组成。由铝合金型材与扁平型材加工而成，配有 9 个仓位，对应仓格设置定位槽，用于堆垛机械手准确放置组装完成的不同材质和颜色的成品。

7. PLC 控制与触摸屏监控模块

该模块由抽屉式 PLC 控制系统、触摸屏与支架等组成。该模块采用西门子 S7-1200 PLC 控制各功能模块，通过电控挂板滑道式安装在铝型材实训台内部，水平放置。模块配置昆仑通态 10.2 英寸工业彩色人机界面触摸屏以便监控与操作。该系统可独立控制单元，也可以协调各设备通信与作业。

8. 公共模块

公共模块主要负责为整个系统提供必要的电源和气源，包括供电电源模块和气源处理组件。

（1）电源模块。

电源模块的外部供电电源为三相五线制 AC 380 V/220 V，三根相线经三相三线漏电保护开关连接到三个安全导线插孔处，零线和接地线也连接到安全导线插孔处。另外，模块上提供两个单相电源插座，为 PLC 模块和按钮/指示灯模块提供 AC 220 V 电源。

（2）气源处理组件。

气源处理组件是气动控制系统中的基本组成器件，主要包括压力调节旋钮、压力表、过滤及干燥系统和开关。它的作用是除去压缩空气中所含的杂质及凝结水，调节并保持恒定的工作压力。该气源处理组件的气路入口处安装有一个快速气路开关，用于关闭气源。在使用时，应注意经常检查过滤器中凝结水的水位，在超过最高标线以前，必须排放，以免被重新吸入。

气源处理组件输入气源来自空气压缩机，所提供的压力为 0.6～1.0 MPa，输出压力为 0～0.8 MPa。输出的压缩空气通过快速三通接头和气管输送到各工作单元。

三、分析与总结

（1）本系统由六大功能模块和一个公共模块组成。
（2）各个功能模块之间既相互联系又相互独立。不但每一个模块都是一个独立的机电一体化的系统，实现特定独立的功能，而且七个模块之间还可以通过有机的配合，实现一个共同的、更大的工作任务。

四、思考与练习

（1）本系统包括哪几个功能模块？
（2）各个功能模块之间的先后学习顺序对学习效果有影响吗？
（3）找到各个模块对应于系统的具体位置。

子任务 2　系统功能与工作过程的认知

一、任务目标

（1）了解本系统安装、调试的工作任务。
（2）明确后期工作任务的内容、基本要求等。

二、任务内容

本任务包括生产线的工作目标和学生的工作任务两部分。

1. 工作目标

本系统用来模拟一条典型的自动化生产线，其功能包括各个模块的正常运行及异常情况的处理。

（1）系统各运动部件的初始位置。

系统启动运行前，各单元的运动部件必须停放在初始位置上系统才能启动。各单元的运动部件初始位置如下：

① 环形板链输送分拣模块：上料推杆、顶料杆、送料推杆、升降台顶料杆都处于收回状态，带动传送带的电机处于静止状态。

② 长行程机械手搬运模块：机器人抓手处于张开状态，机器人手臂处于上摆限位，直行步进电机原点设在左限位传感器位置，旋转步进电机原点设在左限位位置。

③ 恒速加工模块：钻头升降杆在上升限位，气动定位夹具装置在收回状态，离合器断开，直流电机处于静止状态。

④ 机械手装配模块：配件推杆在收回状态，旋转臂在右限位，左侧料筒处于左限位退回

状态。

⑤ 堆垛机械手入库模块:堆垛机械手 X 轴处于 X 轴原点传感器位置,堆垛机械手 Z 轴处于 Z 轴原点传感器位置,入仓推杆处于退回状态,抓手张开。

(2) 接通系统的工作电源。

触摸触摸屏的启动位置,环形传输带以低速(20 Hz)正向运行,井式料仓上料筒内两个金属工件和两个非金属工件每隔 2 s 分别由推料推杆顺序输送到环形传输带上,传输带即转为高速(50 Hz)。当工件接近传输带送料位时,传输带转为低速(20 Hz),由送料推杆把工件推到料盘上,送料推杆收回,并由升降台顶料杆把料盘上的工件顶上到限定位置,在工件经机械手取走后,顶料杆收回。

(3) 将料盘上的工件送到限定位置。

由 PLC 的脉冲定位功能模块驱动步进电机,与气动装置控制的机器人一起把工件搬运到恒速加工转台单元转台的圆孔内,当四个圆孔都放上工件后,可由模拟钻床对四个工件按逆时针方向依次做模拟钻孔加工,直至圆孔内的工件都加工完毕。

(4) 圆孔内四个工件加工完成后,即由气动机械手搬运到工件装配单元进行装配。

装配单元有两个配料筒,一个装有白色圆柱形配件,另一个装有黑色圆柱形配件,加工完成后的金属工件要和黑色配件组成套件(称物料 A),非金属的工件要和白色配件组成套件(称物料 B)。装配完成后由机械手传送到入仓台上通过光电传感器进行检测。

(5) 检测完成。

物料由 PLC 控制伺服电机和气动机构驱动堆垛机一起配合送到立体仓库上,其中合格的物料 A 送到立体仓库的 4#仓位和 5#仓位,合格的物料 B 则送到仓库的 1#仓位和 2#仓位,余下的仓位可放置不合格的物料。各仓位位置示意图如图 1.2.1 所示。

	第三列	第二列	第一列	
第三层	9#仓位	8#仓位	7#仓位	
第二层	6#仓位	5#仓位	4#仓位	
第一层	3#仓位	2#仓位	1#仓位	入仓台

图 1.2.1　仓位示意图

(6) 系统的功能。

系统设有启动、停止、自动、各单元的切换功能,各单元的单机手动、单机自动、输入输出信号和各种操作功能都要通过触摸屏主画面和各单元画面进行控制,监控系统和各单元的运行状态。

(7) 系统停止的处理。

当发生紧急情况系统断电,则系统立刻停止工作,检修完毕并恢复正常后,触摸触摸屏系统主画面的启动位置,系统将重新启动,投入运行。

2. 工作任务

为了保证系统完成工作目标,需要完成机械部件装配与调整、气路连接与调整、电路设计与连接及 PLC 编程调试的工作。

(1) 机械部件的安装及调整。

按照可靠运行的原则,完成各个模块的机械拆装和调整任务,使各个模块能够自如顺利地工作,并能够在出现机械故障时及时地解决机械故障。

(2) 气路连接及调整。

按照系统的工作要求,连接各个模块的气路。接通气源后检查各个气缸初始位置是否符合要求,如不符合请适当调整。完成气路调整,确保各气缸运行顺畅和平稳。

(3) 电路设计和电路连接。

根据生产线的运行要求完成电路设计和电路连接。

设计输送模块的电气控制电路,并根据所设计的电路图连接电路;电路图应包括 PLC 的 I/O 端子分配、伺服电机及其驱动器控制电路。

按照给定的装置侧接口信号分配表,设计电气控制电路,然后连接电路。

(4) 程序编制及调试。

编写 PLC 程序,完成系统制定的工作任务。

三、分析与总结

(1) 本系统的主要任务是为了完成工件的供给、输送、搬运、分拣和存储任务。

(2) 为了使系统完成控制任务,需要进行机械零部件装配、气动回路设计与连接、电气线路设计与连接和 PLC 编程控制四大方面的工作。

(3) 为了更好地完成上述工作,需要掌握机械、气动、电气和 PLC 编程四大模块的基本知识和基本操作技能。

四、思考与练习

(1) 简述系统的工作任务。

(2) 简要说明为了完成本系统要求的工作任务需要做哪些工作。

(3) 简要说明为了完成本系统要求的工作任务需要哪些方面的知识和技能。

任务 2　机械手的拆装

总体目标

> 了解机械手的结构组成,明确系统的组成部分,以及各个部分的作用。
> 明确机械手拆装的工作目标。
> 明确机械手拆装的方法、思路及应该注意的问题。

子任务 1　机械装配基础知识

一、任务目标

（1）掌握机械装配的步骤、调整方法。

（2）熟练认知机械图纸的符号。

（3）能够根据现场提供的机械装配图纸和技术要求,完成机械零部件的定位、安装和调试工作,并且保证机械精度。

二、任务内容

1. 技术准备工作

（1）研究和熟悉各部件总成装配图和有关技术文件与技术资料。了解零部件的结构特点、作用、相互连接关系及其连接方式。对于那些有配合要求、运动精度较高或有其他特殊技术条件的零部件,更应该引起重视。

（2）根据零部件的结构特点和技术要求,确定合适的装配工艺、方法和程序。准备好必备的工量具及夹具和材料。

(3) 按清单清理和检查各备装零件的尺寸精度或质量,凡有不合格者一律不得装配。对于螺柱、键及销等标准件稍有损伤者,应予以更换,不得勉强留用。

(4) 零件装配前必须要将金属屑末清除干净,保持相对运动的配合件表面洁净,以免因脏物或尘粒等混杂其间而加速配合件表面的磨损。

2. 机械装配的一般顺序

按照规定的技术要求,将若干个零件组合成组件,由若干个组件和零件组合成部件,最后由所有的部件和零件组合成整台设备的过程,分别称为组装、部装和总装,统称为装配。所以,装配的顺序,一般是先将零件组合成组件,然后再将组件和零件组合成部件,最后将各个部件和零件组合成整台设备。

3. 装配的一般工艺原则

(1) 要根据零部件的结构特点,采用合适的工具或设备,严格、仔细地按照顺序装配,注意零部件之间的方位和配合精度要求。

(2) 遇到装配困难的情况,应先分析原因,排除故障,提出有效的改进方法,再继续装配,千万不可乱敲乱打、鲁莽行事。

(3) 对某些有装配技术要求的零部件,如装配间隙、过盈量、灵活度等,应边安装边检查,并随时进行调整,以避免装配后返工。

(4) 每一个部件装配完毕,必须严格、仔细地检查和清理,防止有遗漏或错装的零件。

(5) 装配过程中零部件和工量具摆放合理有序,工作台面上要清洁,不得摆放除零部件和工量具之外的其他物品。

4. 装配精度

装配精度是产品设计时根据使用性能要求规定的装配时必须保证的质量指标。装配精度主要包括:

(1) 距离精度:相关零部件间的距离尺寸精度,包括间隙、过盈等配合要求。

(2) 相互位置精度:产品中相关零部件间的平行度、垂直度、同轴度及各种跳动等。

(3) 相对运动精度:产品中相对运动的零部件间在运动方向和相对运动速度上的精度,主要表现为运动方向的直线度、平行度和垂直度,相对运动精度即传动精度。

(4) 接触精度:相互配合表面、接触表面间接触面积的大小和接触点的分布情况。

5. 装配工艺规程

在装配过程中,为了装配任务的有效完成,需要设计并严格执行工艺规程。

装配工艺规程的设计按照以下步骤完成:

(1) 需要分析装配图,了解产品结构特点,确定装配方法。

(2) 根据生产规模和产品的结构特点,决定装配的组织形式。

(3) 确定装配顺序,装配顺序基本上是由产品的结构和装配组织形式决定的。

(4) 根据装配单元系统图,将整机或部件的装配工作划分为装配工序和装配工步。

(5) 根据产品的结构特点和生产规模,选用合适的装配工具和设备。

(6) 根据产品结构特点和生产规模,尽量选用先进的检验方法。

（7）根据实际经验和统计资料及现场实际情况确定工时定额。

（8）编写工艺文件，装配工艺技术文件主要是装配工艺卡片（有时需要编写更详细的工序卡），它包含完成装配工艺过程所必需的一切资料。

严格执行工艺规程是保证装配质量和装配效率的基本条件，所以在装配过程中要严格按照工艺规程的要求进行操作。

三、分析与总结

（1）机械装配工艺过程需要进行必要的准备工作，按照一定的工艺规程进行装配。

（2）装配时还需要考虑装配精度。

四、思考与练习

（1）什么叫装配？

（2）什么叫装配精度？

（3）为什么要设计工艺规程？

子任务2　常用装配工量具的认知

一、任务目标

（1）了解常用装配工量具的工作原理、使用规范。

（2）熟练掌握常用装配工量具的使用。

二、任务内容

在本任务中主要应用的装配与检测工量具如表2.2.1所示。

表 2.2.1 常用工量具

工量具名称	实物图	作用
内六角扳手		① 旋紧连接各零部件的内六角螺栓； ② 将部件固定于工作台； ③ 调整皮带轮的张紧度
螺丝刀组件		① 旋紧固定螺钉和磁感应接近开关等调整螺钉； ② 旋紧导线的压紧端子； ③ 调整传感器的安装位置、检测距离与检测范围
开口扳手		① 安装、调节气缸； ② 安装、调节传感器
条式水平仪		铝合金支撑架及传送带水平测量
铸铁直角靠铁		确保铝合金支撑架与工作台面的垂直度

三、分析与总结

运用合适的检测工量具进行检测是保证装配精度的重要环节。

四、思考与练习

(1) 常见的装配工量具有哪些？
(2) 常见的检测工量具有哪些？

子任务 3　学习常见的机械部件装配

一、任务目标

(1) 掌握常见机械部件装配的步骤、调整方法。
(2) 熟练认知机械图纸的符号。
(3) 熟练掌握常用装配工量具的使用。

二、任务内容

1. 螺纹联接件的装配

螺纹联接件的装配需要注意以下几个要点：

(1) 合适的拧紧力矩。

螺纹联接件的装配不仅要使用合适的工具、设备，还要施加合适的拧紧力矩，如果过松会导致连接不牢固，出现松动；如果过紧可能会破坏螺纹甚至螺栓。拧紧时用力一定要均匀，以免忽然用力出现打滑，甚至伤害到操作人员或装配表面。

(2) 合适的顺序。

成组螺栓或螺母拧紧时，应根据被联接件形状和螺栓的分布情况，按一定的顺序逐次（一般为 2~3 次）拧紧螺母（图 2.3.1）。如图 2.3.1(a)所示，在拧紧长方形布置的成组螺母时，应从中间开始，逐渐向两边对称地扩展；如图 2.3.1(b)所示，在拧紧方形或圆形布置的成组螺母时，必须对称地进行（如有定位销，应从靠近定位销的螺栓开始），以防止螺栓受力不一致，甚至变形。

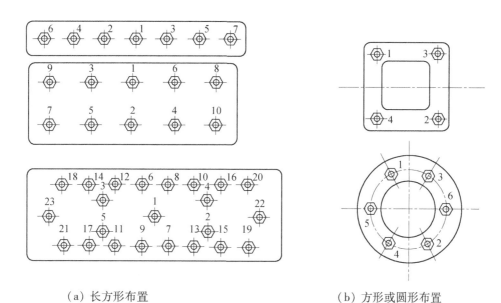

（a）长方形布置　　　　　　　（b）方形或圆形布置

图 2.3.1　螺母拧紧顺序

（3）安装防松装置。

螺纹联接中还应考虑其防松问题。如果螺纹联接一旦出现松脱，轻者会影响机械设备的正常运转，重者会造成严重的事故。

2. 带传动机构的装配

根据工作原理的不同，带传动可分为摩擦带传动和啮合带传动两类。摩擦带传动是依靠带与带轮之间的摩擦力传递运动的。啮合带传动是依靠带轮上的齿与带上的齿或孔啮合传递运动的。

无论是靠摩擦传送平皮带还是靠啮合传送的同步齿形带，正确的安装和维护是保证带传动正常工作、延长皮带使用寿命的有效措施，一般应注意以下几点：

（1）安装前，如果两轴中心距是可调整的结构，应先将中心距缩短，皮带装好后再按要求调整好中心距。

（2）安装时禁止用工具硬撬、硬拽，以防出现皮带伸长、过松、过紧等现象。

（3）带轮的安装要求主动轮与从动轮轴线间的平行度误差不能过大，否则容易出现皮带跑偏现象。

3. 铝合金框架的安装

（1）根据铝合金支架的结构形状，计算好所需要的预置螺母块的数量（包括安装支架和安装联接件、传感器等附件的预置螺母），如果螺母块的数量不足，后续的安装工作将无法完成。

（2）将预置螺母按照图 2.3.2 所示的方法沿铝合金型材的槽从端部推入，每根铝合金型材中放置的预制螺母的数量要充足。

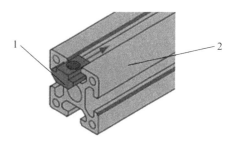

1—预置螺母；2—铝合金型材。

图 2.3.2　预制螺母的安放

(3) 如图 2.3.3(a)所示，用内六角螺栓穿过压铸角铝[图 2.3.3(b)]的定位孔，在预置螺母上旋转几圈，不要旋得太紧，以便于定位。

 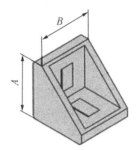

（a）内六角螺栓　　　　　　　　（b）压铸角铝

图 2.3.3　内六角螺栓与压铸角铝

(4) 将预置螺母连同螺栓和角铝一起，移动到需要安装联接的位置进行初步定位。联接方式主要有图 2.3.4 所示的两种方式。

（a）角联接　　　　　　　　（b）T 型联接

图 2.3.4　铝合金型材的联接

(5) 按照铝合金框架的几何结构按照两种联接方式进行初步定位联接，螺栓不要旋得太紧，以便于后续调整。

(6) 经过反复测量，不断调整铝合金型材安装位置高度及相互之间的垂直关系。按照装配要求调整好安装位置以及水平、垂直关系，然后将所有螺栓旋紧。

(7) 如图 2.3.5 所示，在铝合金框架装配、组装完成之后用塑料端盖[图 2.3.5(a)]将铝合金型材端部盖好压紧[图 2.3.5(b)]，以免铝合金型材边缘伤人。

 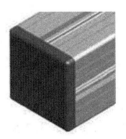

（a）塑料端盖　　　　　　　　（b）盖好后的铝合金型材

图 2.3.5　铝合金型材后处理

4. 联轴器的装配

（1）用游标卡尺、内径百分表检查轴和配合件的配合尺寸。若配合尺寸不合格，应经过磨、刮、铰削加工修复至合格。

（2）按照平键的尺寸，用锉刀修整轴槽和轮毂槽的尺寸。去除键槽上的锐边，以防装配时造成过大的过盈量。

（3）测量两被联接轴的轴心线到各自安装平面间的距离，以便选取后面的组件。

（4）将两个半联轴器通过键分别安装在对应的轴上。

（5）将其中一轴所装的组件（可选取大而重、轴心线距离安装基准较远的，一般选取主机）先固定在基准平面上。

（6）通过调整安装高度使两个半联轴器的轴心线高低保持一致，其精度必须进行反复调整，以达到规定要求。

（7）均匀联接两个半联轴器，依次均匀地旋紧螺母。

（8）逐步均匀旋紧轴组件的安装螺母，并检查两轴的转动松紧是否一致，不能出现卡滞现象，否则要重新调整。

三、分析与总结

（1）在装配过程中需注意装配顺序，避免不必要的返工。

（2）螺纹的旋紧需要注意顺序和预紧力。

（3）在机械装配过程中需注意操作的安全。

四、思考与练习

（1）如何进行螺纹联接件的装配，需要注意哪些问题？

（2）怎样合理地安排安装顺序，需要注意哪些问题？

（3）联轴器的装配需要注意哪些问题？

子任务 4 机械手的装配

一、任务目标

（1）掌握机械手装配的步骤、调整方法。

（2）熟练认知机械图纸的符号。

（3）能够根据现场提供的机械装配图纸和技术要求，完成机械零部件的定位、安装和调试工作，并且保证机械精度。

（4）熟练掌握常用装配工量具的使用。

二、任务内容

1. 装配前的准备

机械手装配之前,需要做好以下准备工作:

(1) 研究、熟悉产品装配图及其他工艺文件和技术要求,了解产品结构、各零件的作用及相互连接关系。

(2) 确定装配方法、顺序,准备所需要的工量具。

(3) 对装配的零件进行清理和清洗,去掉零件上的毛刺、铁锈、切屑、油污。

(4) 检查工作服和防护用品的穿戴,做好安全防护工作。

2. 合理划分工序

按照装配要求将气动机械手的安装分成9个工序:手爪件组装→手臂件组装→升降件组装→旋转件组装→旋转件固定→升降件连接→手臂连接→底座调整与固定→传感器与节流阀的安装与调整。

3. 装配过程

(1) 在安装过程中,严格按照工艺划分的顺序进行安装,避免不必要的返工,从而节约工作时间。

(2) 在旋紧或松开螺栓联接时,注意动作幅度不要过大,避免造成机械伤害。

4. 装配后检查与调整

装配完成之后,检查并调整以下内容:

(1) 所有的紧固件旋紧程度和旋紧均匀程度的检查,在没有扭力扳手的条件下,手工检查。

(2) 气缸的滑动程度。

三、分析与总结

(1) 机械装配工艺过程需要进行必要的准备工作,按照一定的工艺原则进行装配。

(2) 装配时还需要考虑装配精度,利用检测工具一边检测一边装配调整。

(3) 螺栓联接的装配需要考虑螺栓的安放、拧紧顺序及拧紧力矩。

四、思考与练习

(1) 简述机械手的结构组成和工作原理。

(2) 找出需要测量和调整的机械装配精度。

(3) 机械手拆装需要注意哪些问题?

任务 3　传送带的装配

➢ 了解传送带的结构组成，明确系统的组成部分，以及各个部分的作用。
➢ 明确传送带装配的工作目标。
➢ 明确传送带装配的方法、思路及应该注意的问题。

一、任务目标

（1）掌握传送带机械装配的步骤、调整方法。
（2）熟练认知机械图纸的符号。
（3）能够根据现场提供的机械装配图纸和技术要求，完成传送带机械零部件的定位、安装和调试工作，并且保证机械精度。
（4）熟练掌握常用装配工量具的使用。

二、任务内容

1. 装配前的准备

传送带装配之前，需要做好以下准备工作：

（1）研究、熟悉传送带装配图及其他工艺文件和技术要求，了解传送带的结构、各零件的作用及相互连接关系。
（2）确定装配方法、顺序，准备所需要的工量具。
（3）对装配的零件进行清理和清洗，去掉零件上的毛刺、铁锈、切屑、油污。
（4）重点检查电机绕组是否完好，皮带是否有油污或破损。
（5）检查工作服和防护用品的穿戴，做好安全防护工作。

2. 合理划分工序

按照装配要求将传送带的安装分成 14 个工序：从动轴侧底板预固定→主动轴侧底板预

固定→电机侧连接件预固定→从动轴安装→主动轴安装→套入皮带→编码器侧连接件预固定→电机组件安装→电机组件预固定→编码器安装→调节皮带张紧与跑偏→底座调整与固定→阻挡件固定→传感器组件安装。

3. 装配过程

（1）在安装过程中,严格按照工艺划分的顺序进行安装,避免不必要的返工,从而节约工作时间。

（2）在旋紧或松开螺栓联接时,注意动作幅度不要过大,避免造成机械伤害。

4. 装配后检查与调整

装配完成之后,检查并调整以下内容：

（1）所有的紧固件旋紧程度和旋紧均匀程度的检查,在没有扭力扳手的条件下,手工检查。

（2）重点检查皮带的松紧程度是否合适,本设备以手指能按下 2 mm 为标准。

（3）重点检查按照传送方向旋转时是否有皮带跑偏等问题,通过调节从动轴侧两个调节螺钉来调节从动轴与主动轴之间的平行度。

三、分析与总结

（1）机械装配工艺过程需要进行必要的准备工作,按照一定的工艺原则进行装配。

（2）装配时还需要考虑装配精度,利用检测工具一边检测一边装配调整。

（3）螺栓联接的装配需要考虑螺栓的安放、拧紧顺序及拧紧力矩。

（4）皮带轮的装配要求两带轮轴之间的平行度、皮带的水平度及铝合金支撑架与台面的垂直度。

四、思考与练习

（1）找出需要测量和调整的机械装配精度。

（2）调节皮带的张紧度时需要注意哪些问题？

（3）皮带跑偏的原因是什么？

任务 4　气动回路的连接与调试

总体目标

- 了解系统中气动元件的作用、结构和原理。
- 能够认识常用的气动元件符号。
- 能够读懂气动回路的原理图。
- 明确气动回路连接与调试的基本要求。
- 会用 FluidSIM 气动仿真软件对机械手气动回路进行仿真。

子任务 1　气动元件的认知

一、任务目标

（1）了解系统中气动元件的作用、结构和原理。
（2）能够认识常用的气动元件符号。
（3）能够根据气动元件符号找出元件。

二、任务内容

1. 气缸

图 4.1.1 所示为安装了带快速接头的限出型气缸节流阀的气缸外观。其中节流阀的作用是调节气缸的动作速度，节流阀上带有气管的快速接头，只要将合适外径的气管往快速接头上一插，就可以将气管连接好，使用十分方便。气缸缩回限位和气缸伸出限位安装了磁感应接近传感器，用于气缸缩回、伸出的位置限定。

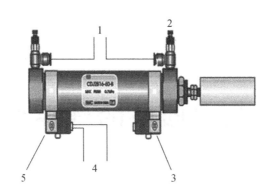

1—排气管接口；2—节流阀；3—气缸伸出限位传感器；
4—传感器引出线；5—气缸缩回限位传感器。

图 4.1.1　气缸外观

图 4.1.2 给出了在双作用气缸装置上两个单向节流阀的连接示意图，这种连接方式称为排气节流方式。

如图 4.1.2 所示，当压缩空气从 A 端进气、从 B 端排气时，单向节流阀 A 的单向阀开启，向气缸无杆腔快速充气；由于单向节流阀 B 的单向阀关闭，有杆腔的气体只能经节流阀排气，调节节流阀 B 的开度，便可改变气缸伸出时的运动速度。反之，调节节流阀 A 的开度则可改变气缸缩回时的运动速度。

2. 电磁换向阀

在气缸的气流方向自动控制中，常采用电磁控制方式实现方向控制，称为电磁换向阀。

电磁换向阀是利用其电磁线圈通电时，静铁芯对动铁芯产生电磁吸力使阀芯切换，达到改变气流方向的目的。图 4.1.3 为单电控直动式电磁换向阀的工作原理。靠电磁铁和弹簧的相互作用使阀芯换位实现换向。图示为电磁铁断电状态，弹簧的作用是导通 A、T 通道，封闭 P 口通道；当电磁铁通电时，压缩弹簧导通 P、A 通道，封闭 T 口通道。

位：为了改变气体方向，阀芯相对于阀体所具有的不同的工作位置。

通：换向阀与系统相连的通口，有几个通口即为几通。

图 4.1.3 中，只有两个工作位置，具有供气口 P、工作口 A 和排气口 T，故为二位三通电磁阀。

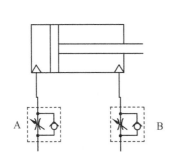

图 4.1.2　气缸工作原理

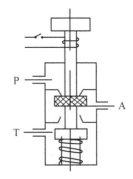

图 4.1.3　单电控直动式电磁换向阀工作原理

图 4.1.4 分别给出二位三通、二位四通和二位五通单电控电磁换向阀的图形符号,图形中有几个方格就是几位,方格中的"⊤"和"⊥"符号表示各接口互不相通。

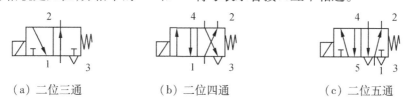

（a）二位三通　　　　　　（b）二位四通　　　　　　（c）二位五通

图 4.1.4　电磁阀的图形符号

本系统各个工作单元的执行气缸都是双作用气缸,因此控制它们工作的电磁阀需要有两个工作口、两个排气口以及一个供气口,故使用的电磁阀均为二位五通电磁阀。

双电控电磁阀与单电控电磁阀的区别在于,对于单电控电磁阀,在无电控信号时,阀芯在弹簧力的作用下会被复位,而对于双电控电磁阀,在两端都无电控信号时,阀芯的位置取决于前一个电控信号。

特别注意:双电控电磁阀的两个电控信号不能同时为"1",即在控制过程中不允许两个线圈同时通电,否则,可能会造成电磁线圈烧毁,当然,在这种情况下阀芯的位置是不确定的。

3. 电磁阀组

阀组,就是将多个阀集中在一起构成的一组阀,而每个阀的功能是彼此独立的。

图 4.1.5 所示为供料模块的电磁阀组,由两个二位五通的带手控开关的单电控电磁阀组成,两个阀集中安装在汇流板上,汇流板中两个排气口末端均连接了消声器。

消声器可以减少压缩空气在向大气排放时的噪声。两个阀分别对顶料气缸和推料气缸的气路进行控制,以改变各自的动作状态。

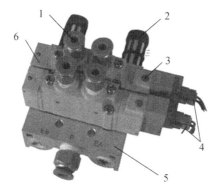

1—气管接口;2—消声器;3—手动换向、加锁钮;
4—电源插针;5—汇流板;6—电磁阀。

图 4.1.5　供料模块的电磁阀组

手动换向、加锁钮:有锁定(LOCK)和开启(PUSH)两个位置。用小螺丝刀把加锁钮旋到"LOCK"位置时,手控开关向下凹进去,不能进行手控操作。只有在"PUSH"位置时可用工具向下按,信号为"1",等同于该侧的电磁信号为"1";常态时,手控开关的信号为"0"。在进行设备调试时,可以使用手控开关对阀进行控制,从而实现对相应气路的控制,以改变推料缸等执行机构的控制,达到调试的目的。

4. 气源处理组件

气源处理组件的输入气源来自空气压缩机,所提供的压力为 0.6~1.0 MPa,输出压力为 0~0.8 MPa。

三、分析与总结

(1)气动回路中,气缸、电磁阀及气源处理组件是系统的重要部分。

(2)气动回路中,用形象的符号表示了气缸、电磁阀及气源处理组件,可以按照气动原理图用气管将各个元件连接起来,从而构成可以驱动系统工作的气动回路。

四、思考与练习

(1)单电控电磁阀和双电控电磁阀有什么区别?

(2)为什么双电控电磁阀两端不能够同时通电?

(3)系统中各个电磁阀哪些是单电控的,哪些是双电控的,分别是几位几通的?

(4)调节气源输出压力为 0.2 MPa,并通过手动测试,找出举升气缸、手爪伸出气缸、摆动气缸和手指气缸分别对应的电磁阀。

子任务 2　气动回路图的认知

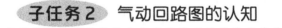

一、任务目标

(1)能够认识常用的气动元件符号。

(2)了解气动回路图的绘图和读图规则。

(3)能够读懂气动回路原理图。

(4)明确气动回路连接与调试的基本要求。

二、任务内容

工程上气动回路图是以气动元件图形符号组合而成,故在气动系统原理图读图之前应对气动元件的功能、符号与特性熟悉和了解。除此之外,还需要对气动系统原理图、气动元件及管路的表示方法有所了解。

1. 气动系统表示法

以气动符号所绘制的回路图可分为定位和不定位两种表示法。定位回路图以系统中元件实际的安装位置绘制,这种方法方便工程技术人员看出阀的安装位置,便于维修保养;不定位回路图不按元件的实际位置绘制,气动回路图根据信号流动方向,从下往上绘制,各元件按其功能分类排列,顺序依次为气源系统、信号输入元件、信号处理元件、控制元件、执行元件,如图4.2.1所示。

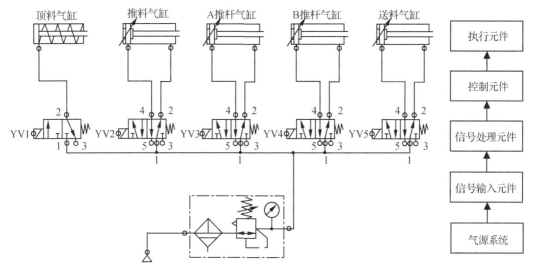

图 4.2.1　不定位回路图

2. 气动元件的表示

在回路图中,阀和气缸尽可能水平放置。回路中的所有元件均以起始位置表示,否则另加注释。

3. 管路的表示

在气动回路中,工作管路用实线表示,控制管路用虚线表示。而在复杂的气动回路中,为保持图面清晰,控制管路也可以用实线表示。管路尽可能画成直线,线与线之间避免交叉。

三、分析与总结

(1) 气动回路中,用形象的符号表示了气缸、电磁阀及气源处理,可以按照气动原理图用气管将各个元件连接起来,构成可以驱动系统工作的气动回路。

(2) 气动回路的连接要求连接可靠、美观,气动回路连接好后需要对气压、流速及工作情况进行手动调试。

四、思考与练习

(1) 怎样检查漏气?

(2) 绘制系统气动回路图。

子任务3　FluidSIM气动仿真软件的使用

一、任务目标

（1）了解FluidSIM气动仿真软件的使用方法。
（2）能够认识FluidSIM气动仿真软件中常用的气动元件符号。
（3）能够读懂FluidSIM气动仿真软件中的气动回路原理图。
（4）会用FluidSIM气动仿真软件对机械手气动回路进行仿真。

二、任务内容

1. 简介

FluidSIM软件由Paderborn大学与德国Festo公司Didactic教学部门联合开发。FluidSIM软件的主要特征就是其可与CAD功能和仿真功能紧密联系在一起。FluidSIM软件符合DIN电气-气动回路图绘制标准，且可对基于元件物理模型的回路图进行实际仿真，这样就使回路图绘制和相应气动系统仿真相一致。FluidSIM软件的CAD功能是专门针对流体而特殊设计的，在绘图过程中，FluidSIM软件将检查各元件之间连接是否可行。FluidSIM软件的另一个特征就是其系统学习概念：FluidSIM软件可用来自学、教学和多媒体教学气动技术知识。气动元件可以通过文本说明、图形以及介绍其工作原理的动画来描述；各种练习和教学影片讲授了重要回路和气动元件的使用方法。FluidSIM软件用户界面直观，易于学习。用户可以很快地学会绘制电气-气动回路图，并对其进行仿真。

FluidSIM仿真软件可以分为两个软件，其中FluidSIM-H用于液压传动技术教学，而FluidSIM-P用于气压传动技术教学。FluidSIM仿真软件符合电气-气动回路图绘制标准，是针对流体专门设计的，具有类似Windows拖拽、复制和粘贴功能，可将软件中的文本和图形复制到Word和PowerPoint中，用户界面简单易学，图库中有100多种标准液压、气动和电气元件。

绘图功能中，需要绘制元件时，只需要将左侧图库中的元件直接拖到右侧的制图区，并可以通过双击元件修改元件属性，对元件的具体形式进行设定。需要连接气路、电路时，只需要按住鼠标左键，在两个元件的接口之间移动即可实现元件的连接。

通过仿真功能实时显示和控制回路动作，及时发现设计中出现的错误。另外，还可以观察到气缸速度、输出力、节流阀的开度等的物理量值，了解回路的动态。

综合演示功能中，该软件还提供了各种元件的符号、实物图片、工作原理剖视图和详细的功能描述。一些重要原件的剖视图还可以进行动画播放，便于理解和掌握。

2. 软件界面

软件界面如图4.3.1所示，窗口左边显示出FluidSIM软件的整个元件库1，其包括新建回路图所需的气动元件和电气元件。窗口顶部的菜单栏2列出了仿真和创建回路图所需的功能,工具栏3给出了常用菜单功能,窗口右边为绘图区4。

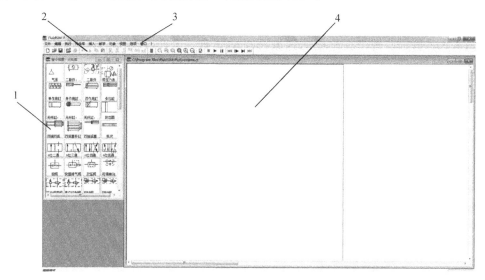

1—元件库;2—菜单栏;3—工具栏;4—绘图区。
图 4.3.1　软件界面

（1）元件库。

在 FluidSIM 软件中,元件库中的每个元件都对应一个物理模型,基于这些模型,FluidSIM 软件首先创建整个系统模型,然后在仿真期间对其进行处理。如果元件具有可调参数,则应给出其范围,括号中数字(可调参数范围)是可调参数的缺省设置。FluidSIM-P 软件中的元件库包括气动元件、电气元件及元件关联、电磁线圈、标尺、状态指示器、凸轮驱动、文本、状态图、元件列表、矩形、椭圆等其他辅助类型。

（2）菜单栏。

菜单栏含有 FluidSIM 软件的所有菜单,其可作为快速参考指南使用。"当前回路图"是指当前所选定的回路图窗口,该窗口总是位于最上层,且其标题栏也高亮显示。

（3）工具栏。

工具栏给出了常用菜单功能,各个图标的功能见表 4.3.1。

表 4.3.1　工具栏的功能

图标										
功能	新建	浏览	打开	保存	打印	撤销	剪切	复制	粘贴	网格	缩放回路图、元件图片和其他窗口
图标								
功能	回路检查	仿真回路图,控制动画播放(基本功能)	仿真回路图,控制动画播放(辅助功能)	对齐与排列元件

3. 仿真与调试实例

（1）新建回路图。

单击按钮 ▢ 或在"文件"菜单下执行"新键"命令，新建空白绘图区域，以打开一个新窗口，如图4.3.1所示。每个新建绘图区域都自动含有一个文件名，且可按该文件名进行保存。这个文件名显示在新窗口的标题栏上。

（2）从元件库中拖入元件。

通过元件库右边的滚动条，用户可以浏览元件。采用鼠标，用户可以从元件库中将元件"拖动"和"放置"在绘图区域上。

① 添加气缸。当气缸被选中时，鼠标指针由箭头 ↖ 变为四方向箭头交叉 ✥，元件外形随鼠标指针的移动而移动。将鼠标指针移动到绘图区域，释放鼠标左键，即气缸被放到绘图区域，如图4.3.2所示。

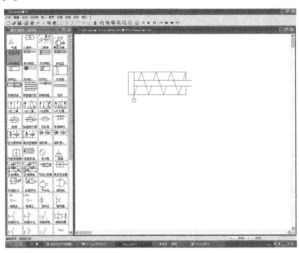

图4.3.2　插入气缸

② 添加换向阀气源并设置。将n位三通换向阀和气源拖至绘图区域，如图4.3.3所示。

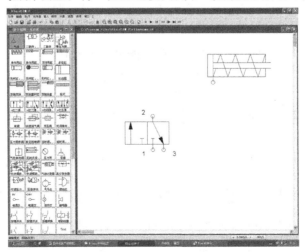

图4.3.3　插入n位三通换向阀和气源

为确定换向阀驱动方式,双击换向阀,弹出"配置换向阀结构"对话框(图4.3.4)。

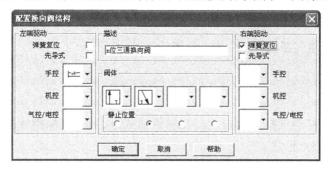

图4.3.4 "配置换向阀结构"对话框

a. 左端/右端驱动。换向阀两端的驱动方式可以单独定义,其可以是一种驱动方式,也可以为多种驱动方式,如"手动"、"机控"或"气控/电控"。单击驱动方式下拉菜单右边向下箭头可以设置驱动方式,若不希望选择驱动方式,则应直接从驱动方式下拉菜单中选择空白符号。不过,对于换向阀的每一端,都可以设置为"弹簧复位"或"气控复位"。

b. 描述。这里键入换向阀名称,该名称用于状态图和元件列表。

c. 阀体。换向阀最多具有四个工作位置,对每个工作位置来说,都可以单独选择。单击阀体下拉菜单右边向下箭头并选择图形符号,就可以设置每个工作位置。若不希望选择工作位置,则应直接从阀体下拉菜单中选择空白符号。

d. 静止位置。该按钮用于定义换向阀的静止位置(有时也称之为中位),静止位置是指换向阀不受任何驱动的工作位置。

【注意】 只有当静止位置与弹簧复位设置相一致时,静止位置定义才有效。

从左边下拉菜单中选择带锁定手控方式,换向阀右端选择"弹簧复位",单击"确定"按钮,关闭对话框。

e. 指定气接口3为排气口。单击气接口"3",弹出一个对话框,如图4.3.5所示,单击气接口端部下拉菜单右边的向下箭头,选择一个图形符号,从而确定气接口形式。选择排气口符号(表示简单排气),关闭对话框。

 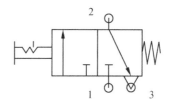

图4.3.5 气接口的设置

将另一个n位三通换向阀拖至绘图区域,双击换向阀(或在"编辑"菜单下执行"属性"

命令),弹出设置换向阀结构的对话框。将换向阀设置为常闭式,关闭对话框,然后将气接口3设置成排气口。

③ 添加气源。将气源元件 ⊥ 拖入绘图区。

(3) 连接气路。

① 添加气路。

a. 将鼠标指针移至气缸左接口上。在编辑模式下,当将鼠标指针移至气缸接口上时,其形状变为十字线圆点形式。

b. 当将鼠标指针移动到气缸接口上时,按下鼠标左键,并移动鼠标指针。

【注意】 鼠标指针形状变为十字线圆点箭头形式。

c. 保持按下鼠标左键,将鼠标指针移动到换向阀2口上。

【注意】 鼠标指针形状变为十字线圆点箭头向内形式。

d. 释放鼠标左键,在两个选定气接口之间立即显示出气路。

e. FluidSIM 软件在两个选定的气接口之间自动绘制气路。当在两个气接口之间不能绘制气路时,鼠标指针形状变为禁止符号。

② 删除气路。

在编辑模式下,可以选择或移动元件和管路。单击"编辑"菜单,执行"删除"命令,或按下【Del】键,可以删除元件和管路。

连接好一个简单的气路,如图4.3.6所示。

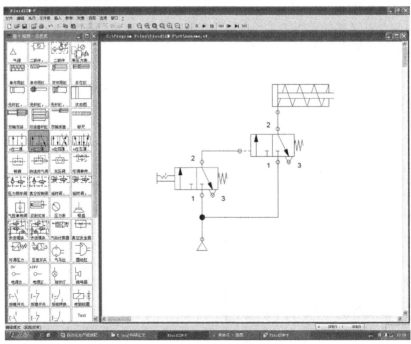

图4.3.6 连接好的气路

（4）气路仿真。

将状态图拖至绘图区域的空位置。拖动气缸,将其放在状态图上。启动仿真,观察状态,如图4.3.7所示。

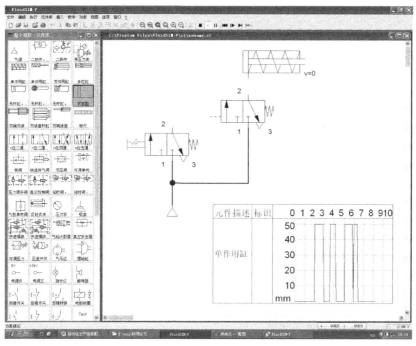

图4.3.7 气路仿真结果

在相同回路图中,可以使用几个状态图,且不同元件也可以共享同一个状态图。一旦把元件放在状态图上,其就包含在状态图中,若再次将元件放在状态图上,则状态图不接受。在状态图中,可以记录和显示下列元件的状态量(表4.3.2)。

表4.3.2 元件及其状态量

元件	状态量
气缸	位置
换向阀工作位置	位置
压力表	压力
压力阀或换向阀	状态
开关	状态

三、分析与总结

气动系统仿真软件FluidSIM可以模拟气动系统的连接及工作运行过程。

四、思考与练习

运用气动系统仿真软件FluidSIM绘制系统气动回路图并对气动回路图进行仿真。

子任务 4　气动回路的连接与调试

一、任务目标

(1) 能够认识常用的气动元件符号。
(2) 了解气动回路图的绘制和读图规则。
(3) 能够读懂气动回路原理图。
(4) 明确气动回路连接与调试的基本要求。

二、任务内容

1. 气动回路的连接

(1) 连接步骤：按照图 4.2.1 的要求从汇流排开始，按气动回路原理图连接电磁阀、气缸。
(2) 连接要求：连接时注意气管走向应按序排布，均匀美观，不能交叉、打折；气管要在快速接头中插紧，不能出现漏气现象。

2. 气动回路的调试

(1) 检查气管接头处是否漏气。
(2) 调节气源输出压力为 0.3 MPa。
(3) 用电磁阀上的手动换向加锁钮检验控制举升气缸、手爪伸出气缸、控制摆动气缸和手指气缸的初始位置和动作位置是否符合要求。
(4) 调整气缸节流阀以控制活塞杆的往复运动速度。

三、分析与总结

(1) 气动回路中，气缸、电磁阀及气源装置是系统的重要部分。
(2) 气动回路中，用形象的符号表示了气缸、电磁阀及气源，可以按照气动原理图用气管将各个元件连接起来构成可以驱动系统工作的气动回路。
(3) 气动回路的连接要求连接可靠、美观，气动回路连接好之后需要对气压、流速及工作情况进行手动调试。

四、思考与练习

(1) 怎样检查漏气？
(2) 单电控电磁阀和双电控电磁阀有什么区别？
(3) 为什么双电控电磁阀两端不能够同时通电？

(4) 系统中哪些电磁阀是单电控的,哪些电磁阀是双电控的,分别是几位几通的?

(5) 调节气源输出压力为 0.2 MPa,并通过手动测试,找出举升气缸、手爪伸出气缸、控制摆动气缸和手指气缸分别对应的电磁阀。

任务 5　气动机械手的装配与调试

- 了解气动机械手的机械结构。
- 能够熟练地认识和绘制气动元件符号。
- 能够根据控制要求,绘制简单的气动原理图。
- 能够根据现场提供的气动原理图,完成机械手气动回路的连接。
- 能够掌握气动机械手的安装与调试。

一、任务目标

（1）掌握气动机械手装配与调试的步骤、调整方法。

（2）熟练认知机械装配图纸和气动原理图。

（3）能够根据现场提供的机械装配图纸和技术要求,完成机械零部件的定位、安装和调试工作,并且保证机械精度。

（4）能够根据现场提供的气动原理图,完成气路的连接、检查与调试。

（5）熟练掌握常用装配工量具的使用。

二、任务内容

1. 装配前的准备

机械手装配之前,需要做好以下准备工作：

（1）研究、熟悉产品装配图及其他工艺文件和技术要求,了解产品结构、各零件的作用及相互连接关系。

（2）确定装配方法、顺序,准备所需要的工量具。

（3）对装配的零件进行清理和清洗,去掉零件上的毛刺、铁锈、切屑、油污。

（4）检查工作服和防护用品穿戴,做好安全防护工作。

2. 合理划分工序

（1）机械部件装配。

按照装配要求将气动机械手的安装分成9个工序：手爪件组装→手臂件组装→升降件组装→旋转件组装→旋转件固定→升降件连接→手臂连接→底座调整与固定→传感器与节流阀的安装与调整。

（2）气动回路的连接。

按照气动回路的连接要求，将气动回路的连接分为7个工序：气管的准备→气管的连接→气管插接紧密型检查→节流阀调节→通气→检查并调整机械手起始位置→手动测试机械手动作。

3. 装配过程

（1）在安装过程中，严格按照工艺划分的顺序进行安装，避免不必要的返工，从而节约工作时间。

（2）在旋紧或松开螺栓连接时注意动作幅度不要过大，避免造成机械伤害。

（3）气路连接紧密、颜色分明、美观大方。

（4）机械手初始位置正确。

4. 装配后的检查与调整

装配完成之后，检查与调整以下内容：

（1）所有的紧固件检查旋紧程度和旋紧均匀程度，在没有扭力扳手的条件下，手工检查。

（2）气缸的滑动程度。

（3）气动回路气密性，是否有漏气问题。

（4）气动机械手初始位置是否正确。

（5）气动机械手的运动速度是否合适。

三、分析与总结

（1）机械手装配前需要进行必要的准备工作，按照一定的工艺原则进行装配。

（2）装配时还需要考虑装配精度，利用检测工具一边检测一边装配调整。

（3）螺栓连接的装配需要考虑螺栓安放和拧紧顺序及拧紧力矩。

（4）气动回路的连接要求气密性和美观大方，气动机械手起始位置正确，运动速度合适，不宜过快或者过慢。

四、思考与练习

（1）简述如何进行气动机械手的调试。

（2）如何调整气动机械手的运动速度？

（3）气动机械手的气动回路连接需要注意哪些问题？

任务6　电气控制线路接线

总体目标

➢ 了解电气原理图的作图规则。
➢ 能够熟练地认知和绘制电气元件符号。
➢ 能够根据控制要求,绘制简单的电气原理图。
➢ 能够根据现场提供的电气原理图,完成电气控制中强电、控制信号的安装接线工作,并且保证连接正确可靠。

子任务1　低压电器元件的认知

一、任务目标

(1) 了解设备中的电器元件。
(2) 能够熟练地认知和绘制电气元件符号。

二、任务内容

低压电器元件通常是指工作在交流电压小于1 200 V、直流电压小于1 500 V的电路中,起通、断、保护、控制或调节各种电器元件的作用。常用的低压电器元件主要有刀开关、熔断器、低压断路器、接触器、继电器、控制按钮、行程开关等。

1. 熔断器

熔断器是串联在被保护电路中的,当电路短路时,电流很大,熔体急剧升温,立即熔断,故熔断器可用于短路保护。

熔断器的图形符号和文字符号如图6.1.1所示。

(a) 图形符号　　　(b) 文字符号

图 6.1.1　熔断器的图形符号、文字符号

熔断器的选择主要是由熔断器类型、额定电压、额定电流和熔体额定电流等决定。

熔断器的类型主要由电控系统整体设计确定,熔断器的额定电压应大于或等于实际电路的工作电压;熔断器额定电流应大于或等于所装熔体的额定电流。

2. 低压断路器

低压断路器又称自动空气开关,在电气线路中起接通、分断和承载额定工作电流的作用,并能在线路和电机发生过载、短路、欠电压的情况下进行可靠的保护。

图 6.1.2 为低压断路器外形图。

低压断路器的结构示意图如图 6.1.3 所示,主要由触点、灭弧系统、各种脱扣器和操作机构等组成。

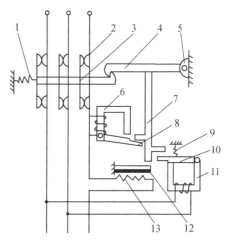

1—弹簧;2—主触头;3—传动杆;4—锁扣;5—轴;6—电磁脱扣器;7—杠杆;8、10—衔铁;9—弹簧;11—欠电压脱扣器;12—双金属片;13—发热元件。

图 6.1.2　低压断路器外形　　　**图 6.1.3　低压断路器结构示意图**

如图 6.1.4 所示,低压断路器的型号及其含义如下:

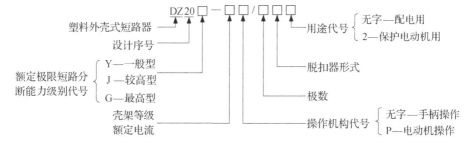

图 6.1.4　低压断路器的型号及其含义

低压断路器的图形符号及文字符号如图 6.1.5 所示。

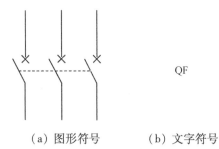

（a）图形符号　　　（b）文字符号

图6.1.5　低压断路器的图形符号、文字符号

3. 控制按钮

控制按钮用来发送控制信号。图6.1.6所示为控制按钮的外观图。

图6.1.6　控制按钮的外观图

按钮由按钮帽、复位弹簧、桥式触点和外壳等组成，其结构如图6.1.7所示。触点采用桥式触点，触点额定电流在5 A以下，分常开触点和常闭触点两种。在外力作用下，常闭触点先断开，然后常开触点再闭合；复位时，常开触点先断开，然后常闭触点再闭合。

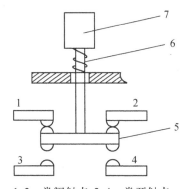

1、2—常闭触点；3、4—常开触点；
5—桥式触点；6—复位弹簧；7—按钮帽。

图6.1.7　按钮的结构示意图

按钮的图形符号及文字符号如图6.1.8所示。

常开触点　　　常闭触点　　　复合触点

图6.1.8　按钮的图形符号、文字符号

按用途和结构的不同,按钮分为启动按钮、停止按钮和复合按钮等。按使用场合、作用不同,通常将按钮帽做成红、绿、黑、黄、蓝、白、灰等颜色。国标 GB 5226.1—2008 对按钮帽颜色作了如下规定:"停止"和"急停"按钮必须是红色;"启动"按钮的颜色为绿色;"启动"与"停止"交替动作的按钮必须是黑白、白色或灰色;"点动"按钮必须是黑色;"复位"按钮必须是蓝色(如保护继电器的复位按钮)。

按钮的型号及其含义如图 6.1.9 所示。

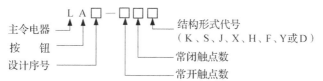

图 6.1.9　按钮的型号及其含义

其中,结构形式代号的含义:K 为开启式,S 为防水式,J 为紧急式,X 为旋钮式,H 为保护式,F 为防腐式,Y 为钥匙式,D 为带灯式。

4. 行程开关

行程开关是一种利用生产机械的某些运动部件的碰撞来发出控制指令的主令电器,用于控制生产机械的运动方向、行程大小和位置保护等。当行程开关用于位置保护时,又称限位开关。

行程开关是由操作头、触点系统和外壳组成,其结构如图 6.1.10 所示。操作头接受机械设备发出的动作指令或信号,并将其传递到触点系统,触点再将操作头传递来的动作指令或信号通过本身的结构功能变成电信号,输出到有关控制回路。

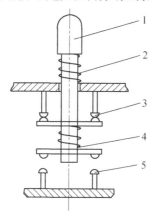

1—顶杆;2—弹簧;3—常闭触点;4—触点弹簧;5—常开触点。

图 6.1.10　行程开关结构示意图

行程开关的图形符号及文字符号如图 6.1.11 所示。

图 6.1.11　行程开关图形符号、文字符号

三、分析与总结

（1）设备中电器元件主要有按钮、指示灯、熔断器、低压断路器等。
（2）设备中的电器元件带有各自的参数和类别。

四、思考与练习

（1）找出设备中不同类型的低压电器，并说明它们的功能。
（2）绘制低压电器元件的电气元件符号。

子任务2 电气原理图的认知

一、任务目标

（1）了解电气原理图的作图规则。
（2）能够熟练地认知和绘制电气元件符号。
（3）能够根据控制要求，绘制简单的电气原理图。
（4）能够根据现场提供的电气原理图，完成电气控制中强电、控制信号的安装接线工作，并且保证连接正确可靠。

二、任务内容

1. 电气原理图的作图规则

电气原理图包括主电路和控制电路两部分，主电路用粗实线表示，放左边；控制电路用细实线表示，放右边。电气元件符号一般垂直放置，也可以逆时针转动90°水平放置；图中电器元件的状态为常态（未压动、未通电）；电路图应按主电路、控制电路、照明电路、信号电路分开绘制。

2. 电气原理图的阅读和分析方法

电气原理图的阅读和分析，除了掌握必要的文字图形符号、电气原理图的作图规则之外，还有一些常用的方法，如查线读图法、逻辑代数法等。

（1）查线读图法。

首先了解生产工艺与执行电器的关系，然后分析主电路，最后分析控制电路。查线读图法的优点是直观性强、容易掌握，因而得到广泛应用。按照由主到辅，由上到下，由左到右的原则分析电气原理图。较复杂图形，通常可以化整为零，将控制电路化成几个独立环节的细节分析，然后再串为一个整体分析。其缺点是分析复杂线路时容易出错，叙述也较长。

(2)逻辑代数法。

逻辑代数法又称间接读图法,是通过对电路的逻辑表达式的运算来分析控制电路的,其关键是正确写出电路的逻辑表达式。通常把继电器、接触器、电磁阀等线圈通电或按钮、行程开关受力(其常开触点闭合接通)用逻辑"1"表示;把线圈失电或按钮、行程开关未受力(其常开触点断开)用逻辑"0"表示。并联为"或",串联为"与"。逻辑代数法读图的优点:各电气元件之间的联系和制约关系在逻辑表达式中一目了然,设计上方便;主要缺点:对于复杂的电气线路,其逻辑表达式很烦琐、冗长。

三、分析与总结

(1)电气原理图的绘制与读图需要熟悉电气元件符号,在熟悉电气元件符号的基础上掌握绘图的规则,以及读图和分析图的方法。

(2)在连接线路之前应用仿真软件对自己设计的电气线路效果进行仿真调试,等达到预期目标之后再进行线路连接,减少接线过程中出现的问题。

四、思考与练习

(1)电气原理图的作图规则有哪些?

(2)电气原理图的分析方法主要有哪些,如何进行分析?

任务7　传感器的接线与应用

总体目标

➤ 了解系统中传感器的作用、结构、原理及电气接口。
➤ 能进行传感器的安装与调试。
➤ 了解传感器如何与 PLC 进行电气连接。
➤ 会按照传感器的接线方式连接到 PLC 并进行调试。
➤ 熟悉传感器的性能参数,并理解常见指标。

子任务1　传感器的认知

一、任务目标

(1) 了解系统中传感器的作用、结构、原理及电气接口。
(2) 能找出设备中所用到的各种传感器并说明其功能。

二、任务内容

系统所使用的传感器见表7.1.1。

表 7.1.1 系统所用传感器

类型	实物图	型号	类型	作用
磁感应式接近开关		DS1-MN020S12	无触点（NPN）	检测气缸运动的位置
		CS-9D	有触点	
		CS-8G	有触点	
		CS-120	有触点	
		CS-15T	有触点	
光电式接近开关		G12-3C3NA G12-3C3L	对射式（NPN）	检测工件有无
		G12-3A07NA	漫反射式（NPN）	
		BS5-T2M	槽式遮挡（NPN）	
		QC50A3N6XDWQ	颜色	检测工件颜色
电容式接近开关		CR12N04DNO	NPN 输出	检测工件有无

续表

类型	实物图	型号	类型	作用
电感式接近开关		LR12BN04DNO	NPN 输出	识别金属工件
机械式限位开关		SS-05	触点式	限位保护位置检测
旋转编码器		K38-J6E512B8C2-24V	相对式	用于定位

三、分析与总结

（1）设备上各种不同类型的传感器，分别将设备的状态信息反馈到 PLC，用于 PLC 的控制，从而输出相应的动作。

（2）设备上的传感器有二线制和三线制两种，两种传感器的接线方法不同，在后续学习中需要注意。

四、思考与练习

（1）找出表 7.1.1 中列出的传感器所在的空间位置。

（2）找出设备中所用到的各种传感器并说明其功能。

（3）找出表 7.1.1 中所列出传感器的型号，查找相应的使用说明等技术资料。

子任务 2　磁感应式接近开关的认知

一、任务目标

（1）了解磁感应式接近开关的作用、结构、原理及电气接口。

(2) 能找出设备中所用到的磁感应式接近开关并说明其功能。
(3) 熟悉磁感应式接近开关的接线方式。

二、任务内容

1. 安装位置与作用

磁感应式接近开关安装在气缸两端。气缸采用导磁性弱、隔磁性强的材料,如硬铝、不锈钢等。在非磁性体的活塞上安装一个永久磁铁的磁环,这样就提供了一个反映气缸活塞位置的磁场。而安装在气缸外侧的磁性开关则是用来检测气缸活塞位置,即检测活塞的运动行程。

2. 结构原理

磁感应式接近开关的结构原理分为有触点感应和无触点感应两种。

(1) 有触点感应开关。

有触点感应开关用舌簧开关作磁场检测元件。舌簧开关成型于合成树脂块内,并且一般还有动作指示灯、过电压保护电路塑封在内。图 7.2.1 是带磁性开关气缸的工作原理图。当气缸中随活塞移动的磁环靠近开关时,舌簧开关的两根簧片被磁化而相互吸引,触点闭合;当磁环移开开关后,簧片失磁,触点断开。触点闭合或断开时发出电控信号,在 PLC 的自动控制中,可以利用该信号判断推料及顶料缸的运动状态或所处的位置,以确定工件是否被推出或气缸是否返回。在磁感应式接近开关上设置的 LED 用于显示其信号状态,供调试时使用。磁感应式接近开关动作时,输出信号"1",LED 亮;磁感应式接近开关不动作时,输出信号"0",LED 不亮。

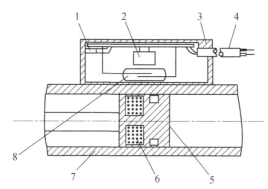

1—动作指示灯;2—保护电路;3—开关外壳;4—导线;
5—活塞;6—磁环(永久磁铁);7—缸筒;8—舌簧开关。

图 7.2.1 带磁性开关气缸的工作原理图

(2) 无触点感应开关。

无触点感应开关在结构上采用磁敏元件(磁敏电阻或霍尔元件)和晶体管电子电路,通过磁敏元件改变内部晶体管电子电路的导通与断开状态,从而向外电路发出高低电平信号。当磁环靠近感应开关时,磁敏元件改变晶体管的导通状态,向输出电路输出"高电平"或者"低电平"的电信号,同时指示灯点亮;当磁环离开磁性开关后,晶体管的导通状态变化,输出电路的电平翻转,同时指示灯熄灭。

3. 外部接线

(1) 有触点感应开关。

有触点感应开关有蓝色和棕色2根引出线(一般称为二线制),使用时蓝色引出线应连接到PLC输入公共端,棕色引出线应连接到PLC输入端。有触点感应开关的内部电路如图7.2.2(a)所示。

(2) 无触点感应开关。

无触点感应开关有3根引出线(一般称为三线制),一般分为NPN和PNP两种输出方式。在与PLC连接时,一定要特别注意与PLC输入电路的匹配。图7.2.2(b)所示电路为NPN输出方式。

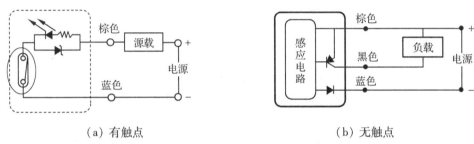

图7.2.2 磁感应式接近开关内部电路

三、分析与总结

(1) 设备中有多个磁感应式接近开关用来检测气缸所处的位置。
(2) 磁感应式接近开关的接线方式与按钮类似。

四、思考与练习

(1) 设备中有几个磁感应式接近开关?
(2) 磁感应式接近开关是怎样工作的?
(3) 怎样调试磁感应式接近开关?

子任务3 光电接近开关的认知

一、任务目标

(1) 了解光电接近开关的作用、结构、原理及电气接口。
(2) 能找出设备中所用到的光电接近开关并说明其功能。
(3) 熟悉光电接近开关的接线方式。

（4）会进行光电接近开关的调试。

二、任务内容

光电传感器是利用光的各种性质，检测物体的有无和表面状态的变化等的传感器。其中输出形式为开关量的传感器称为光电接近开关。

1. 特点

（1）检测距离长。

如果在对射型中保留10 m以上的检测距离等，便能实现其他检测手段（磁性、超声波等）无法达到的长距离检测。

（2）对检测物体的限制少。

由于以检测物体引起的遮光和反射为检测原理，所以不像接近传感器等将检测物体限定在金属，它可对玻璃、塑料、木材、液体等几乎所有物体进行检测。

（3）响应时间短。

光本身为高速，并且传感器的电路都由电子零件构成，所以不包含机械性工作时间，响应时间非常短。

（4）分辨率高。

能通过高级设计技术使投光光束集中在小光点，或通过构成特殊的受光光学系统，来实现高分辨率。也可进行微小物体的检测和高精度的位置检测。

（5）可实现非接触的检测。

可以无须机械性地接触检测物体实现检测，因此不会对检测物体和传感器造成损伤。因此，传感器能长期使用。

（6）可实现颜色判别。

通过检测物体所形成的光的反射率和吸收率，根据被投光的光线波长和检测物体颜色的不同组合而有所差异。利用这种性质，可对被检测物体的颜色进行检测。

（7）便于调整。

在投射可视光的类型中，投光光束是人眼可见的，便于对检测物体的位置进行调整。

2. 检测原理与分类

光电接近开关主要由光发射器和光接收器构成，如图7.3.1（a）所示。如果光发射器发射的光线因检测物体不同而被遮掩或反射，到达光接收器的量将会发生变化。光接收器的敏感元件将检测出这种变化，并转换为电气信号进行输出。大多使用可视光（主要为红色，也用绿色、蓝色来判断颜色）和红外光。

按照接收器接收光的方式的不同，光电接近开关可分为对射式、漫射式和反射式三种，如图7.3.1所示。

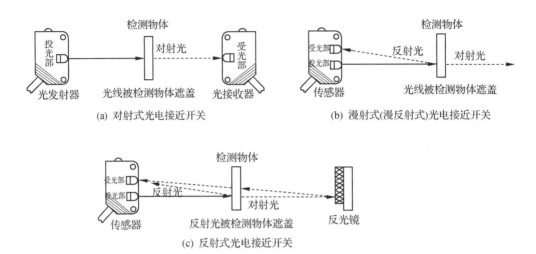

图 7.3.1 检测原理与分类

(1) 对射式光电接近开关。

对射式光电接近开关由光发射器和光接收器组成,一般做成分体式结构。其工作原理是通过光发射器发出的光线直接进入光接收器,当被检测物体经过光发射器和光接收器之间阻断光线时,光电开关就产生开关信号。在工作时,光发射器始终发射检测光,若光发射器和光接收器之间没有任何物体,光发射器发射的光直接进入光接收器,接近开关处于常态而不动作;反之若光发射器和光接收器之间出现物体遮挡了从光发射器发射到光接收器的光线,光接收器收不到足够的入射光就会使接近开关动作而改变输出的状态。除了分体式结构外,还有做成槽式一体化结构。槽式光电开关的工作原理与对射式光电开关的工作原理类似,只是用途不同。图7.3.1(a)为对射式光电接近开关的工作原理示意图。

(2) 漫射式光电接近开关。

漫射式光电接近开关是利用光照射到被测物体上后反射回来的光线而工作的,由于物体反射的光线为漫射光,故称为漫射式光电接近开关。它的光发射器与光接收器处于同一侧位置,且为一体化结构。在工作时,光发射器始终发射检测光,若接近开关前方一定距离内没有物体,则没有光被反射到光接收器,接近开关处于常态而不动作;反之若接近开关的前方一定距离内出现物体,只要反射回来的光强度足够,则光接收器接收到足够的漫射光就会使接近开关动作而改变输出的状态。图7.3.1(b)为漫射式光电接近开关的工作原理示意图。

3. 颜色传感器

颜色传感器的工作原理是通过调制的白色 LED 光源和三原色电子滤镜分离目标颜色,分别测定红、绿、蓝三原色的比例,从而提供最精确的色彩检测。该颜色传感器提供三个独立的 NPN 输出通道,每个通道对应一个输出。

4. 输出电路

光电接近开关的电路原理如图7.3.2所示。传感器外部有棕色、黑色和蓝色三根导线:棕色导线接外部 DC12-24 V 电源;蓝色导线接外部电源的"0 V";黑色导线作为传感器的输出端。该传感器的输出端通过开关管与 0 V 连接,该传感器的输出为 NPN 集电极开路输出型传感器。

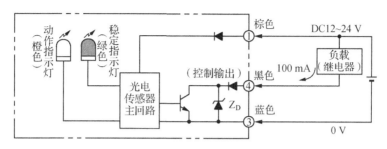

图 7.3.2　光电接近开关输出电路原理图

三、分析与总结

（1）设备中有多个光电接近开关用来检测物料。
（2）光电接近开关的接线方式为三线制传感器接线。

四、思考与练习

（1）设备中有几种光电接近开关？
（2）光电接近开关是怎样工作的？
（3）怎样正确调试光电接近开关？

子任务 4　电容接近开关的认知

一、任务目标

（1）了解电容接近开关的作用、结构、原理及电气接口。
（2）能找出设备中所用到的电容接近开关并说明其功能。
（3）熟悉电容接近开关的接线方式。
（4）会进行电容接近开关的调试。

二、任务内容

1. 结构与原理

电容接近开关的外观如图 7.4.1 所示。

图 7.4.1 电容接近开关的外观

2. 工作原理

电容接近开关是一种与被检测物体无机械接触而能动作的开关量输出型传感器。当被检测物体靠近接近开关工作面时,回路的电容量发生变化,由此产生开与关的作用,从而检测物体的有或无。因电容接近开关工作的特性,开关不仅能检测金属,而且也能对非金属物质(如塑料、玻璃、水、油等)进行相应的检测。在检测非金属物体时,相应的检测距离因受检测体的导电率、介电常数、体积吸水率等参数的影响而有所不同。对接地的金属导体有最大的检测距离。

3. 输出回路与外部接线

如图 7.4.2 所示,传感器的接线需要褐色、黑色和蓝色三根线,其中褐色和蓝色接外部电源的 24 V 和 0 V,黑色线作为输出接 PLC 的输入端子。

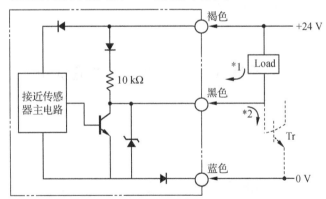

图 7.4.2 传感器输出回路与外部接线

3. 安装与调整

传感器的敏感距离为 8 mm,可以通过调节传感器的安装位置来调节传感器的敏感距离。

三、分析与总结

(1) 设备中的电容接近开关用来检测物料。
(2) 电容接近开关的接线方式为三线制传感器接线。

四、思考与练习

（1）电容接近开关是怎样工作的？
（2）怎样正确调试电容接近开关？

子任务 5　电感接近开关的认知

一、任务目标

（1）了解电感接近开关的作用、结构、原理及电气接口。
（2）能找出设备中所用到的电感接近开关并说明其功能。
（3）熟悉电感接近开关的接线方式。
（4）会进行电感接近开关的调试。

二、任务内容

1. 工作原理

电感接近开关是利用电涡流效应制造的传感器。电涡流效应是指,当金属物体处于一个交变的磁场中时,在金属内部会产生交变的涡流,该涡流又会反作用于产生它的磁场的物理效应。如果这个交变的磁场是由一个电感线圈产生的,则这个电感线圈中的电流就会发生变化,用于平衡涡流产生的磁场。

利用这一原理,以高频振荡器(LC振荡器)中的电感线圈作为检测元件,当被测金属物体接近电感线圈时产生了涡流效应,引起振荡器振幅或频率的变化,由传感器的信号调理电路(包括检波、放大、整形、输出等),将该变化转换成开关量输出,从而达到检测目的。电感接近传感器工作原理框图如图7.5.1所示。

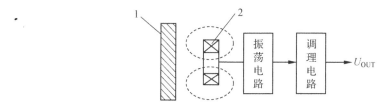

1—被测物体；2—电感线圈。
图 7.5.1　电感接近传感器工作原理框图

2. 安装与调整

电感接近开关的敏感距离较小,需要靠物料距离较近。可以通过调节传感器的安装位置来调节传感器的敏感距离。

三、分析与总结

（1）设备中的电感接近开关用来分辨物料材质。
（2）电感接近开关的接线方式为三线制传感器接线。

四、思考与练习

（1）电感接近开关是怎样工作的？
（3）怎样正确调试电感接近开关？

子任务 6　传感器与 PLC 的连接

一、任务目标

（1）熟悉传感器的接线方式。
（2）会将传感器正确接线到 PLC。
（3）会进行电感接近开关的调试。

二、任务内容

该系统中所用的传感器，根据传感器外部接线方式的不同，可以分为两线传感器（只有两根输出线，如检测气缸动作到位与否的电磁开关、输送机构的限位开关等）、三线传感器（外部输出有三根连接线，如光电接近开关）和旋转编码器与 PLC 的接线。

1. 两线传感器的接线

两线传感器工作往往不需要外部提供电源，与 PLC 的连接方式也比较简单，与按钮和 PLC 的接线方式类似，一端接到 PLC 的公共端，另一端接到 PLC 的输入端。

2. 三线传感器的接线

三线传感器，其输出电路往往分 NPN 集电极开路输出和 PNP 集电极开路输出，如图 7.6.1 所示。

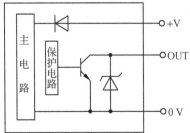 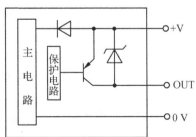

(a) NPN 集电极开路输出　　　(b) PNP 集电极开路输出

图 7.6.1　三线传感器的输出电路

(1) NPN 输出型。

NPN 集电极开路输出电路如图 7.6.2 所示,其输出 OUT 端通过开关管和 0 V 连接,当传感器动作时,开关管饱和导通,OUT 端和 0 V 相通,输出 0 V 低电平信号;NPN 集电极开路输出为 0 V,当输出 OUT 端和 PLC 输入相连时,电流从 PLC 的输入端流出,从 PLC 的公共端流入,此即为 PLC 的漏型电路的形式,即 NPN 集电极开路输出只能接漏型或混合式输入电路形式的 PLC。

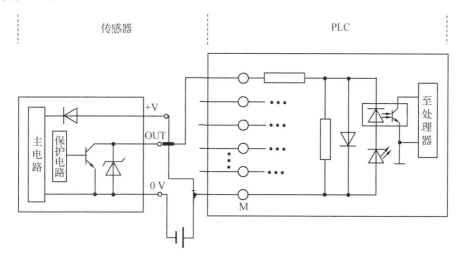

图 7.6.2　NPN 集电极开路输出和 PLC 的连接

(2) PNP 输出型。

PNP 集电极开路输出电路如图 7.6.3 所示,输出 OUT 端通过开关管和 +V 连接,当传感器动作时,开关管饱和导通,OUT 端和 +V 相通,输出 +V 高电平信号。PNP 集电极开路输出为 +V 高电平,当输出 OUT 端和 PLC 输入相连时,电流从 PLC 的输入端流入,从 PLC 的公共端流出,此即为 PLC 的源型电路的形式,即 PNP 集电极开路输出只能接源型或混合型输入电路形式的 PLC。

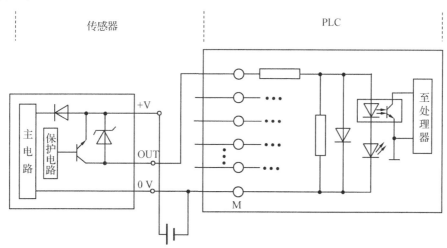

图 7.6.3　PNP 集电极开路输出与 PLC 的连接

3. 传感器与 S7-1200 PLC 的接线

（1）两线制传感器接法。

图 7.6.4 所示为 S7-1200 PLC 与两线制传感器接线示意图，两线制传感器（如按钮、磁性开关）等接法参照 I0.2 和 I0.3 端口的接线方法。

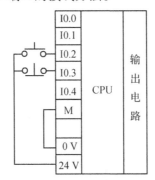

图 7.6.4　S7-1200 PLC 与两线制传感器接线示意图

（2）三线制传感器接法。

图 7.6.5 所示为 S7-1200 PLC 与三线制传感器接线示意图，三线制传感器（如光电开关）等接法参照 I0.1 端口的接法。

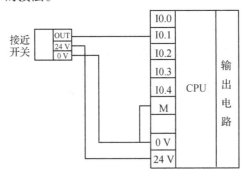

图 7.6.5　S7-1200 PLC 与三线制传感器接线示意图

三、分析与总结

（1）本系统中的传感器主要有电磁开关、光电接近开关、光纤传感器、电感传感器、机械式限位开关，它们在系统中具有不同的作用。

（2）传感器通过电气接口电路连接到 PLC，将系统的各种信息及状态采集输入 PLC 系统，供 PLC 计算处理时使用。

（3）传感器与 PLC 的接线成为传感器与 PLC 之间接口的要素，传感器与 PLC 接线的时候，要特别注意传感器输出方式与 PLC 的输入方式的匹配。

（4）设备中所用的传感器有两线制和三线制两种接线方式，两线制传感器不需要外部供电，三线制传感器需要外部独立供电。

（5）光电、电容、电感等接近开关的接线方式为三线制传感器接线。

四、思考与练习

（1）怎样将传感器正确连接到 PLC？
（2）怎样正确调试电感接近开关？

子任务 7　接近开关的进一步认知

一、任务目标

（1）了解系统中接近开关的性能指标。
（2）理解接近开关的安装方式。

二、任务内容

1. 性能指标

如图 7.7.1 所示，接近开关的性能指标有：动作距离、复位距离、额定工作距离、动作滞差、重复定位精度（重复性）、动作频率等。

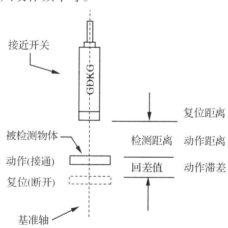

图 7.7.1　性能参数示意图

（1）动作距离：当被测物由正面靠近接近开关的感应面时，使接近开关动作（输出状态变为有效状态）的距离 $\delta_{\min}$。

（2）复位距离：当被测物由正面离开接近开关的感应面，接近开关转为复位时，被测物离开感应面的距离 $\delta_{\max}$。

（3）额定工作距离：额定工作距离是指接近开关在实际使用中被设定的安装距离。在此距离内，接近开关不应受温度变化、电源波动等外界干扰而产生误动作。额定工作距离应小于动作距离，但若设置得太小，有可能无法复位。实际应用中，考虑到各方面环境因素干扰的影响,较为可靠的额定工作距离约为动作距离的75%。

(4)动作滞差:复位距离与动作距离之差。动作滞差越大,对抗被测物抖动等造成的机械振动干扰的能力就强,但动作准确度就越差。

(5)重复定位准确度(重复性):表征多次测量的最大动作距离平均值。其数值的离散性的大小一般为最大动作距离的1%~5%。离散性越小,重复定位准确度越高。

(6)动作频率:每秒连续不断地进入接近开关的动作距离后又离开的被测物个数或次数称为动作频率。若接近开关的动作频率太低而被测物又运动得太快,则接近开关就来不及响应物体的运动状态,有可能造成漏检。

(7)导通压降:接近开关在导通状态时,开关内部的输出三极管集电极与发射极之间的电压降。一般接近开关的导通压降为0.3 V。

(8)施密特特性:如图7.7.2所示,当被测物体未靠近接近开关时,$U_B = 0$ V,OC门的基极电流约为0 A,OC门截止,OUT端为高阻态(接入负载后为接近电源电压的高电平);当被测体逐渐靠近,到达动作距离δ_{min}时,OC门的输出端对地导通,OUT端对地为低电平(约0.3 V)。当被测物体逐渐远离接近开关,到达复位距离δ_{max}时,OC门再次截止,KA失电。$\Delta\delta$为接近开关的动作滞差。

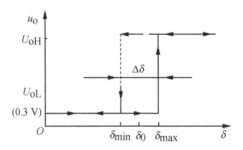

图7.7.2 接近开关的施密特特性

2. 安装方式

如图7.7.3所示,接近开关的安装方式有齐平式和非齐平式两种。

(1)齐平式(埋入式安装型)的接近开关表面可与被安装的金属物件形成同一表面,不易被碰坏,但灵敏度较低。

(2)非齐平式(非埋入式安装型)的接近开关则需要把感应头露出一定高度,否则将降低灵敏度。

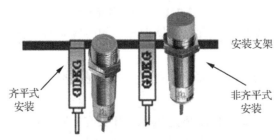

图7.7.3 接近开关的安装方式

三、分析与总结

接近开关有敏感距离等性能指标,这些性能指标是接近开关选型应用的重要依据。

四、思考与练习

(1)接近开关的性能指标有哪些?
(2)怎样根据性能指标选择合适的接近开关?

任务 8 S7-1200 PLC 硬件线路的连接

总体目标

➢ 了解 PLC 的硬件结构组成。
➢ 了解 PLC 的输入、输出端口的内部电路结构。
➢ 掌握 PLC 外部接线的方法。

子任务 1 S7-1200 PLC 硬件的认知

* *

一、任务目标

(1) 了解 PLC 的硬件结构组成。
(2) 了解 PLC 的输入、输出端口的内部电路结构。

二、任务内容

1. PLC 外观

S7-1200 PLC 有一个内部电源,为中央处理单元(CPU)、信号模块、信号扩展板、通信模块提供电源,并且也可以为用户提供 24 V 电源。集成的 2 点模拟量输入(0~10 V),输入电阻 100 kΩ,10 位分辨率。2 点脉冲列输出(PTO)或脉宽调制(PWM)输出,最高频率为 100 kHz。有 16 个参数自整定的 PID 控制器。4 个时间延迟与循环中断,分辨率为 1 ms。可以扩展 3 块通信模块和一块信号板,CPU 可以用信号板扩展一路模拟量输出或高速数字量输入/输出。西门子 S7-1200 PLC 的外观如图 8.1.1 所示。

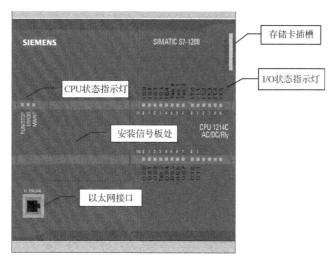

图 8.1.1 西门子 S7-1200 PLC 的外观

2. 型号

CPU 有三种版本：DC/DC/DC、DC/DC/Relay 和 AC/DC/Relay，具体含义见表 8.1.1。

表 8.1.1 CPU 的三种版本

版本	电源电压/V	DI 输入电压/V	DO 输出电压/V	DO 输出电流/A
DC/DC/DC	DC 24	DC 24	DC 24	0.5, MOSFET
DC/DC/Relay	DC 24	DC 24	DC 5~30 AC 5~250	2, DC 30 W/ AC 200 W
AC/DC/Relay	AC 85~264	DC 24	DC 5~30 AC 5~250	2, DC 30 W/ AC 200 W

3. 硬件结构组成

PLC 基本单元主要由 CPU、存储器、输入单元、输出单元、电源变换器、扩展接口、存储器接口、编程器接口组成，其结构框图如图 8.1.2 所示。

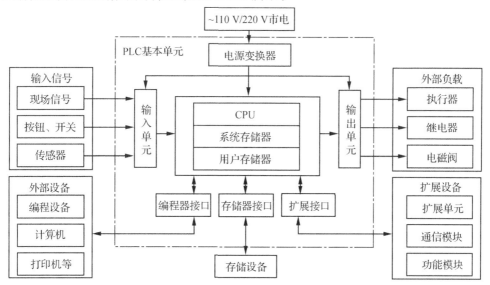

图 8.1.2 PLC 的结构框图

（1）输入单元。

输入单元的作用：

① 接收开关量及数字量信号（数字量输入单元）；

② 接收模拟量信号（模拟量输入单元）；

③ 接收按钮或开关命令（数字量输入单元）；

④ 接收传感器输出信号。

如图 8.1.3 所示，按外接电源的类型，可以分为直流输入电路和交流输入电路；按输入模块公共端（M 端或 COM 端）电流的流向，可分为源输入电路和漏输入电路；按光耦发光二极管公共端的连接方式，可分为共阳极输入电路和共阴极输入电路。

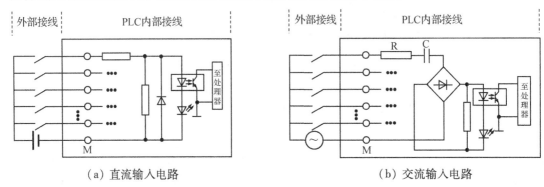

图 8.1.3　输入单元类型

漏输入电路的电流从 PLC 公共端（COM 端或 M 端）流进，从输入端流出。源输入电路的电流是从 PLC 的输入端流进，从公共端流出，即 PLC 公共端接外接电源的负极，如图 8.1.4 所示。

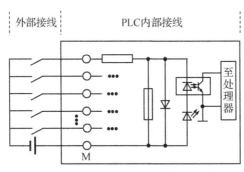

图 8.1.4　源输入电路

如果输入有多路，所有输入的二极管阳极相连，就构成了共阳极输入电路，如图 8.1.5(a)所示。所有输入回路的二极管的阴极相连，就构成了共阴极输入电路，如图 8.1.5(b)所示。

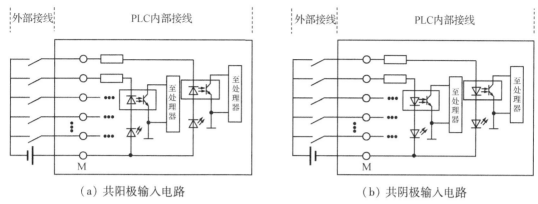

(a) 共阳极输入电路　　　　　　　　(b) 共阴极输入电路

图 8.1.5　共阳极输入电路和共阴极输入电路

如图 8.1.6 所示,混合型输入电路同时具有源输入电路和漏输入电路的特点。PLC 公共端既可以流进电流,也可以流出电流;PLC 公共端(M 端)既可以接外接电源的正极,也可以接负极。

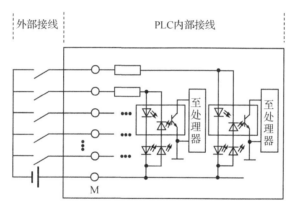

图 8.1.6　混合型输入电路

(2) 输出单元。

按照负载的不同,输出单元主要可以分为继电器输出、晶体管输出和晶闸管输出三种形式,如图 8.1.7 所示。

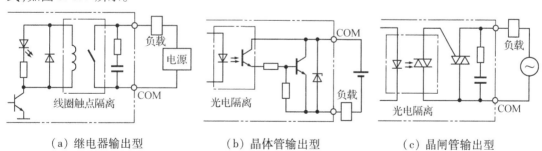

(a) 继电器输出型　　　　(b) 晶体管输出型　　　　(c) 晶闸管输出型

图 8.1.7　输出单元的类型

一般来讲,在选择 PLC 的时候要充分考虑输出负载的特点:
- 驱动直流负载,一般采用晶体管输出单元;
- 驱动非频繁动作的交/直流负载,采用继电器输出单元;

- 驱动频繁动作的交/直流负载,采用晶闸管输出单元。

4. **硬件安装**

(1) 模块的安装。

可以将各个模块安装在面板或标准导轨上,并且可以水平或垂直安装。一般以水平安装居多。当水平安装时,各个模块的硬件安装,按照从左到右的顺序分别安装通信模块、CPU、信号模块。

模块的安装如图 8.1.8 所示。

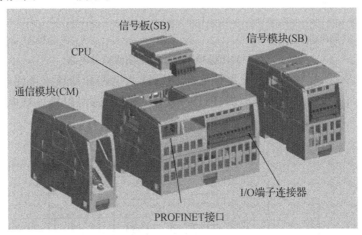

图 **8.1.8** 模块的安装

(2) CPU 的安装。

CPU 的安装如图 8.1.9 所示。

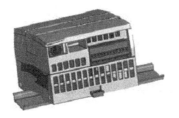 

图 **8.1.9** CPU 的安装

(3) 信号板的安装。

信号板的安装如图 8.1.10 所示。

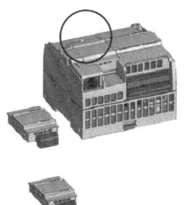

图 8.1.10　信号板的安装

(4) 信号模块的安装。

① 分别去掉 CPU 和模块侧面的连接器盖板,如图 8.1.11 所示。

图 8.1.11　信号模块的安装一

② 对准连接器插槽,将模块装入导轨,如图 8.1.12 所示。

图 8.1.12　信号模块的安装二

③ 模块与 CPU 接触,伸出总线连接器,将 CPU 与模块侧面插槽连接,如图 8.1.13 所示。

图 8.1.13　信号模块的安装三

5. 通信模块的安装

通信模块的安装如图 8.1.14 所示。

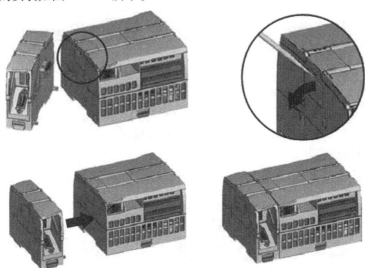

图 8.1.14　通信模块的安装

通信模块的安装方法与信号模块的安装方法类似。

6. 端子连接器的安装

端子连接器的安装如图 8.1.15 所示。

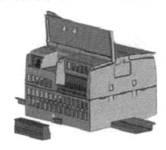
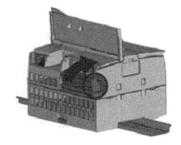

图 8.1.15　端子连接器的安装

三、分析与总结

PLC 的型号表明 PLC 输入、输出端口的数量和类型,必须按照负载的情况来选择 PLC

输入和输出端口的类型以及进行 PLC 选型。

四、思考与练习

（1）指出设备中所用 PLC 的型号。
（2）PLC 的输入端口有几种形式,分别是什么?
（3）PLC 的输出端口有几种形式,分别适用于什么场合?
（4）指出设备所用 PLC 型号中各部分的含义。
（5）说明设备所用 PLC 输入和输出端口的数量和类型。
（6）仔细观察 PLC 的外观,找到输入电路、输出电路、指示灯、RUN/STOP 开关及编程电缆对应的位置。

子任务 2　S7-1200 PLC 硬件线路的连接

一、任务目标

（1）进一步熟悉 PLC 输入、输出端口的特性。
（2）掌握 PLC 接线应用的方法。

二、任务内容

1. 电源线的连接

交流电源的连接如图 8.2.1 所示。

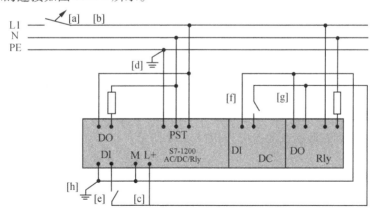

图 8.2.1　交流电源的连接

直流电源的连接如图 8.2.2 所示。

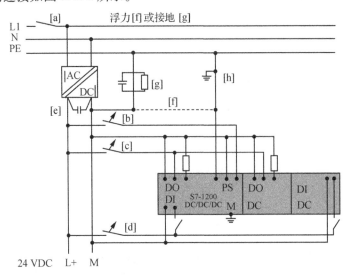

图 8.2.2 直流电源的连接

2. 数字量输入电路的连接

无源触点的连接如图 8.2.3 所示。

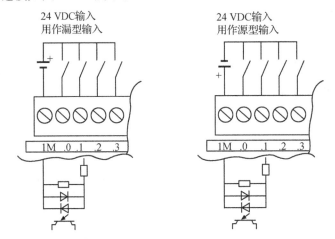

图 8.2.3 无源触点的连接

有源触点的连接分内部电源供电和外部不同电源供电两种情况。

内部电源供电时有源触点的连接,如图 8.2.4 所示。

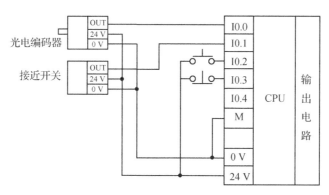

图 8.2.4　有源触点的连接(内部电源供电)

外部不同电源供电时有源触点的连接,如图 8.2.5 所示。

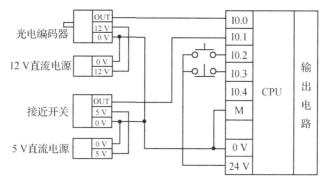

图 8.2.5　有源触点的连接(外部不同电源供电)

3. 模拟量输入电路的连接

（1）四线制接法如图 8.2.6 所示。

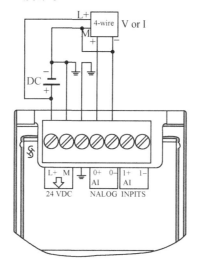

图 8.2.6　四线制接法

（2）三线制接法如图8.2.7所示。

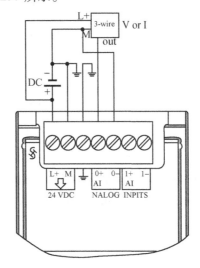

图8.2.7　三线制接法

（3）两线制接法如图8.2.8所示。

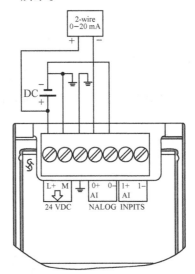

图8.2.8　两线制接法

4. 输出电路的连接

（1）输出电路的连接如图8.2.9所示。

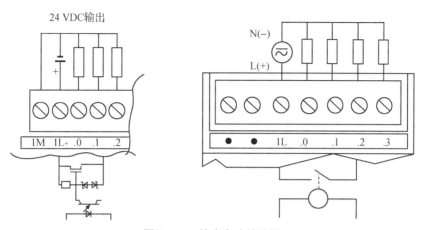

图 8.2.9 输出电路的连接

（2）感性负载的处理。

① 直流感性负载情况下，对晶体管输出电路采用二极管旁路保护，如图 8.2.10 所示。

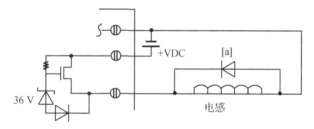

图 8.2.10 感性负载的处理一

② 直流感性负载情况下，对触点输出电路采用阻容电路旁路电磁能量，如图 8.2.11 所示。

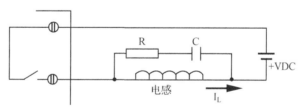

图 8.2.11 感性负载的处理二

③ 交流感性负载情况下，采用触点并联阻容电路消除触点间的电火花，如图 8.2.12 所示。

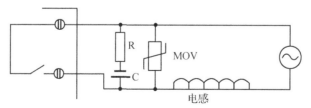

图 8.2.12 感性负载的处理三

④ 按表8.2.1的要求连接线路。

表8.2.1 输入、输出端口分配

输入端口		输出端口	
端口	功能	端口	功能
I0.2	井式料库工件检测传感器	Q3.0	三色指示灯红色
I0.3	材质检测传感器	Q3.1	三色指示灯黄色
I0.4	颜色传感器	Q3.2	三色指示灯绿色

【注意】

a. 接线的过程中,按照"从电源出发到地,一个元件一个元件地连接;先串联后并联"的顺序连接,检查线路时也按照该顺序检查。切不可毫无顺序地随意连接线路。

b. 为了方便检查线路,连接线路时,用不同颜色的导线有规则地连接,切不可随意连接。

c. 接线完成后认真检查线路,确定无短路之后通电。

d. 通过按钮、传感器感应等观察PLC输入端口指示灯的状态。

三、分析与总结

(1) PLC的硬件接线必须按照端口类型接线,接线完成之后必须认真检查方可通电。

(2) 为了提高接线效率和方便线路的检查,连接线路的顺序及所用的导线必须有规则。

四、思考与练习

(1) 三线制传感器怎样与PLC接线?

(2) 控制按钮怎样与PLC接线?

(3) 如何将PLC、电源、指示灯连接成回路?

(4) 连接线路的时候应该注意哪些问题?

任务 9 S7-1200 PLC 编程与应用

总体目标

➢ 了解 PLC 的编程软件。
➢ 理解 PLC 与输入、输出硬件电路的区别与联系。
➢ 掌握 PLC 的工作原理。
➢ 熟练掌握 PLC 的基本逻辑指令编程、常用功能指令与应用。
➢ 熟练掌握 PLC 编程软件。

子任务 1 TIA Portal 编程软件界面认知

一、任务目标

（1）掌握 TIA Portal 编程软件的使用方法。
（2）掌握 PLC 编程的方法。

二、任务内容

1. 操作界面

TIA Portal 是由西门子推出的一款全集成自动化软件工程框架。它提供两个界面：Portal 视图和项目视图。Portal 视图：任务-导向型操作，通过简单直观的操作来实现任务的快速处理；项目视图：项目的分级组织、所有的编辑器、参数和数据都在一个界面中。

2. Portal 视图

（1）任务向导。

任务向导界面如图 9.1.1 所示。

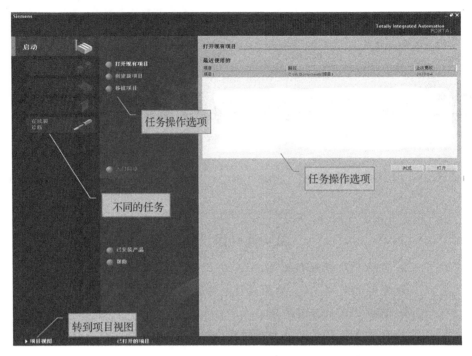

图 9.1.1 任务向导界面

项目创建:打开 TIA Portal 页面后,自动激活并打开已存在的项目,创建新项目需要选择"创建新项目"选项,在选项窗口中可以指定项目名称和选择项目存储路径。需要注意的是项目名称最多只能有 40 个字符。

登录界面:在登录界面将 TIA Portal 页面的功能分到了不同的任务界面中,根据所选的任务选项,可以将当前视图自动转到任务界面。

登录选项:登录界面提供了单个任务的基本功能选项。

(2)"第一步操作"页面。

在启动登录界面以后会有一个"第一步操作"界面,在这个视图中可以快速选择任务。单击这些独立的链接可以转到各自的视图,如图 9.1.2 所示。

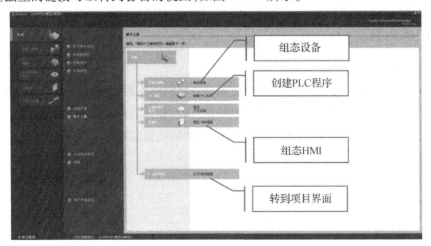

图 9.1.2 "第一步操作"界面

(3) 设备和网络视图(图9.1.3)。

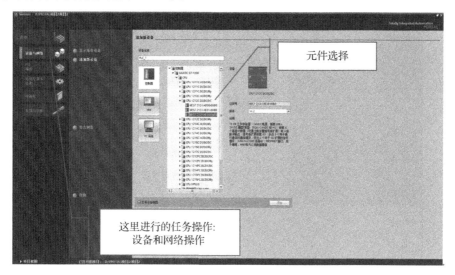

图 9.1.3　设备和网络视图

(4) PLC 编程。

当通过"第一步操作"视图启动 PLC 编程任务后,可以自动创建一个 PLC,如图 9.1.4 所示。

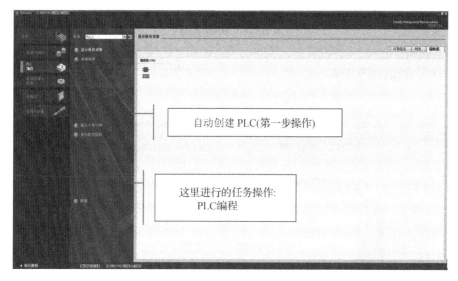

图 9.1.4　自动创建一个 PLC

(5) 可视化。

HMI 向导:通过 HMI 向导可以方便地选择项目中已连接到面板的 PLC,如图 9.1.5 所示。

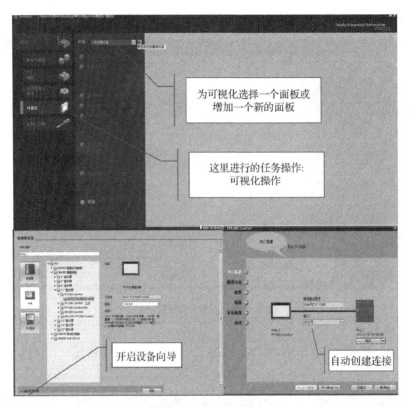

图 9.1.5　HMI 向导

3. 项目视图

（1）视图界面（图 9.1.6）。

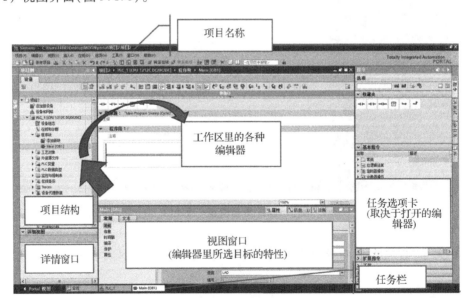

图 9.1.6　视图界面

项目界面：分级显示所有的元件，因为所有的元件都在同一个地方，所以可以快速访问项目中的每一个区域。在项目树中可以观察到哪个元件已经创建好了,同时也可以访问经常用到的元件,如变量编辑器。

项目结构:通过项目结构或项目树可以访问所有的元件和项目,如所有带有符号名称的程序块等。

转到 Portal 界面:通过"Portal 界面"链接,可以转到 Portal 界面。

(2) 详细视图。

在详细视图中显示当前选中的项目树中的对象的详细信息,如图 9.1.7 所示。

图 9.1.7 详细视图

监控窗口如图 9.1.8 所示。

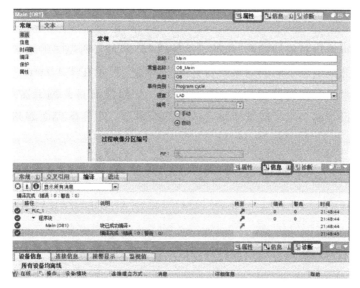

图 9.1.8 监控窗口

① 属性:这个标签中显示了所选对象的属性,可以在这里更改可编辑的属性。
② 信息:这个标签中显示了所选对象和操作的详细信息。
③ 诊断:这个标签中有系统诊断事件和已组态报警事件信息。

(3) 标签导航。

从区域导航和从属的标签中可以得到很多有用的信息:在"属性"标签中进行区域导航;"信息"和"诊断"标签中含有各种从属标签。

4. "任务"选项卡

屏幕右侧有一个"任务"选项卡,可以随时打开和关闭。其他细分的、更复杂的"任务"选项卡也可以打开和关闭,如图9.1.9所示。

图9.1.9 "任务"选项卡

5. 工作区

工作区显示所编辑对象的参数,包括示例编辑器、界面或列表中的参数。可以在工作区同时打开多个元件来组态不同的对象。打开的编辑器会显示在 TIA Portal 页面的任务栏上。工作区定义了一个显示编辑器和列表的特定区域。如果没有打开编辑器,那么工作区就是空的。可以同时打开两个水平放置或垂直放置的编辑器。工作区界面如图9.1.10所示。

任务9　S7-1200 PLC 编程与应用

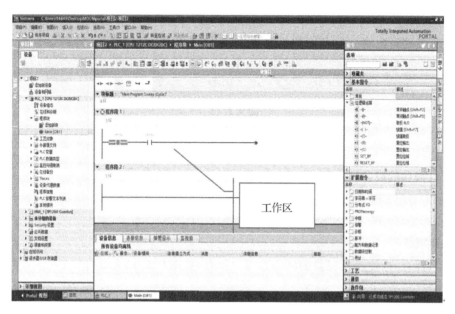

图 9.1.10　工作区界面

最大化工作区：可以通过单击来最大化工作区，这样会关闭所有的任务选项卡。

最小化工作区：可以在工作区最小化打开的编辑器，最小化的编辑器仍然是打开的，并且会在任务栏上显示。

拆分工作区：可以垂直或水平拆分工作区以同时显示两个编辑器。

工作区的浮动元件：可以在工作区中任意移动打开的编辑器，这个浮动的窗口可以从工作区分离出来，再以一个单独窗口的形式显示。

恢复存储工作区：最大化工作区或分离出编辑器以后可以通过单击恢复存储工作区。

编辑器的工具栏如图 9.1.11 所示。

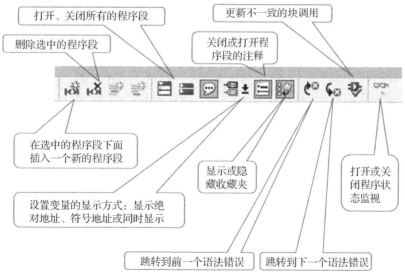

图 9.1.11　编辑器的工具栏

（6）工具栏。

通过工具栏可以直接对 PLC 进行操作,如图 9.1.12 所示。

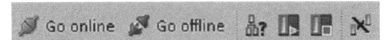

图 9.1.12

建立连接:建立与 CPU 的通信;

断开连接:断开与 CPU 的通信;

显示可操作的设备:访问可以操作的所有设备;

启动 PLC:将 CPU 置于"RUN"模式;

停止 PLC:将 CPU 置于"STOP"模式。

6. 保存项目

将项目保存,即使是不完整的网络也可以保存,如图 9.1.13 所示。

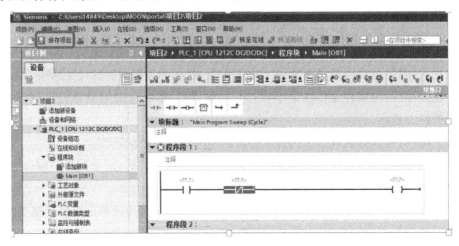

图 9.1.13　保存项目

通过执行"另存为"命令可以将项目保存到另一个目录或保存为另一个名称。

7. 多个项目同时工作

如果要同时打开多个项目,需要多次重复打开 TIA Portal 页面。在不同的入口界面之间,如 CPU,独立的程序块、变量列表或独立的变量界面之间,可以通过"拖放"或"复制粘贴"来进行复制,可以打开的 TIA Portal 页面数量仅受计算机性能的限制。

8. 设置环境

对语言等环境进行设置。

9. 帮助功能

文本帮助,利用【F1】键调出帮助菜单。

三、分析与总结

PLC 编程软件的熟练操作是高效完成任务的关键环节之一。

四、思考与练习

(1) Portal 视图与项目视图有哪些区别？

(2) 监控窗口包含哪些功能？

子任务2 S7-1200 PLC 设备与网络组态

一、任务目标

(1) 理解组态的基本概念。

(2) 掌握设备组态的基本操作和步骤。

(3) 熟练掌握设备组态和网络组态。

二、任务内容

1. 基本概念

(1) 组态。

组态就是针对网络、硬件、设备等进行参数配置。在 TIA 项目中，组态包括：添加各种类型的 HMI 和 PLC 控制器、配置各种规模的站点及网络拓扑图、在线配置及离线配置参数、变量定义及标签制作。

组态的任务就是在设备和网络编辑器中生成一个与实际的硬件系统对应的模拟系统，包括系统中的设备（PLC 和 HMI），PLC 各模块的型号、订货号和版本。在组态过程中模块的安装位置和设备之间的通信连接，都应与实际的硬件系统完全相同。

此外还应设置模块的参数，即给参数赋值，或称为参数化。自动化系统启动时，CPU 比较组态时生成的虚拟系统和实际的硬件系统，如果两个系统不一致，CPU 将自动处于 STOP 模式，并通过 LED 灯和 TIA Portal 软件的在线诊断方式进行报警。

(2) 设备组态。

设备组态是指在设备或网络视图中对各种设备和模块进行安装和设置的过程。通过用符号表示的机架，在其上插入规定数量的模块，从而将给各模块自动分配一个地址。这些地址可以随后进行修改。

(3) 网络组态。

网络组态是指将设备或网络视图中已分配地址的各种设备和模块建立通信链接并进行联网的过程。网络组态为通信提供了两个必需条件：使网络中的所有设备具有唯一的地址，使具有持续传输属性的设备之间可以通信。

组态网络时必须执行以下步骤：

- 将设备连接到子网;
- 为每个子网指定属性/参数;
- 为每个联网模块指定设备属性;
- 将组态数据下载到设备,给接口提供网络组态所生成的设置;
- 保存网络组态。

在网络组态过程中,子网及其属性在项目中进行管理。要联网的设备必须在同一个项目中。

在项目中,通过子网名称和 ID 明确标识子网。子网 ID 与可互联的接口一起保存在所有组件中。

2. 硬件和网络编辑器

TIA Portal 软件中提供了一个对设备和模块进行组态、联网和参数分配集成化开发环境——硬件和网络编辑器。所有设备和模块的组态、联网和参数分配都在该环境下进行。

双击项目树中的"设备和网络"(devices and networks)项,便可以打开硬件和网络编辑器。如图 9.2.1 所示,硬件和网络编辑器包括以下几个部分:① 图形区域;② 表格区域;③ 硬件目录;④ 巡视窗口。其中,在图形区域和表格区域分别有拓扑视图、网络视图和设备视图。三个视图之间可以随意切换。

图 9.2.1　硬件和网络编辑器

(1) 设备视图。

在该视图下完成组态和分配设备与模块参数。如图 9.2.2 所示,该视图包括:
① 切换开关;
② 设备视图的工具栏;
③ 设备视图的图形区域;
④ 总览导航;
⑤ 设备视图的表格区域。

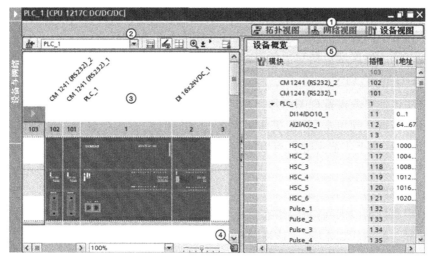

图 9.2.2 设备视图

设备视图的图形区域显示硬件组件,必要时它们彼此间通过一个或多个机架来分配给对方。对于带有机架的设备,可以将硬件目录中的其他硬件对象安装到机架的插槽中。

设备视图的表格区域可总览所用的模块及最重要的技术数据和组织数据。

可以使用鼠标来更改设备视图图形区域与表格区域之间的间距。要执行此操作,请在图形区域和表格区域之间单击,并在按住鼠标按钮的同时左右移动分隔条来更改间距大小。通过快速拆分器(两个小箭头键),可以使用单击来最小化表格视图、最大化表格视图或恢复上一次选择的拆分。

(2)网络视图。

在该视图下完成组态和分配设备参数以及设备间组网的工作。如图 9.2.3 所示,该视图包括:

① 切换开关;

② 网络视图的工具栏;

③ 网络视图的图形区域;

④ 总览导航;

⑤ 网络视图的表格区域。

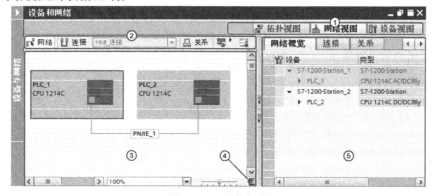

图 9.2.3 网络视图

网络视图的图形区域显示所有与网络相关的设备、网络、连接和关系。在该区域中,可以添加硬件目录中的设备,通过其接口使其彼此相连及组态通信设置。

网络视图的表格区域包括与当前设备、连接和通信设置对应的各种表格,如网络概览、连接、关系、I/O通信、VPN等。

可以使用鼠标更改设备视图图形区域与表格区域之间的间距。要执行此操作,请在图形区域和表格区域之间单击,并在按住鼠标按钮的同时左右移动分隔条来更改间距大小。通过快速拆分器(两个小箭头键),可以使用单击来最小化表格视图、最大化表格视图或恢复上一次选择的拆分。

(3) 拓扑视图。

该视图用来显示以太网拓扑、组态以太网拓扑及确定并尽可能缩短期望拓扑和实际拓扑之间的差异。如图9.2.4所示,该视图包括:

① 切换开关;
② 拓扑视图的工具栏;
③ 拓扑视图的图形区域;
④ 总览导航;
⑤ 拓扑视图的表格区域。

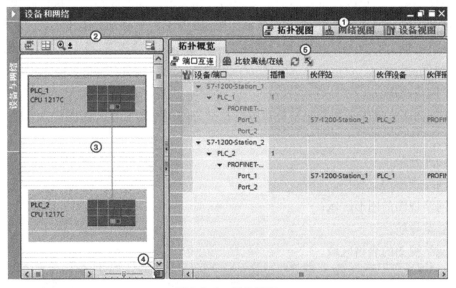

图9.2.4 拓扑视图

3. 硬件组态的常用操作

(1) 添加新设备。

双击项目树中的"添加新设备",如图9.2.5所示。

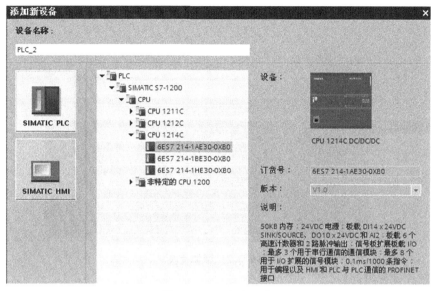

图 9.2.5 添加新设备

(2) 过滤器。

如果激活了硬件目录的过滤器功能,则硬件目录只显示与工作区有关的硬件。例如用设备视图打开 PLC 的组态画面时,则硬件目录不显示 HMI,只显示 PLC 的模块,如图 9.2.6 所示。

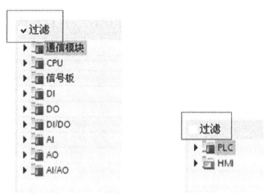

图 9.2.6 过滤器

(3) 添加模块。

在硬件组态时,需要将 I/O 模块或通信模块放置到工作区机架的插槽内:用"拖放"的方法放置硬件对象;用"双击"的方法放置硬件对象,如图 9.2.7 所示。

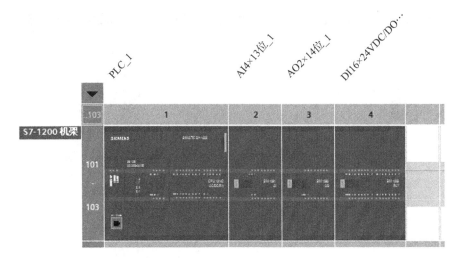

图 9.2.7　添加模块

（5）删除硬件组件。

可以删除设备视图或网络视图中的硬件组态组件,被删除的组件的地址可供其他组件使用。不能单独删除 CPU 和机架,只能在网络视图或项目树中删除整个 PLC 站。删除硬件组件后,可以对硬件组态进行编译。编译时进行一致性检查,如果有错误,那么将会显示错误信息,应改正错误后重新进行编译。

（6）分配地址。

选中模块,通过巡视窗口的"IO 地址/硬件标识符",可以修改模块的地址,如图 9.2.8 所示。

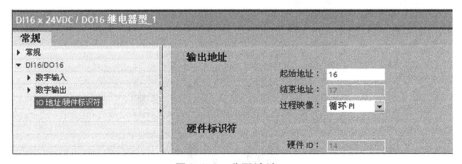

图 9.2.8　分配地址一

也可以直接在设备概览中修改,如图 9.2.9 所示。

图 9.2.9　分配地址二

DI/DO 的地址以字节为单位分配,没有用完一个字节,剩余的位也不能另作它用。AI/AO 的地址以组为单位分配,每一组有两个输入/输出点,每个点(通道)占一个字或两个字节。

注:建议不要修改自动分配的地址。

(7) 数字量输入点的参数设置。

① 设置输入端的滤波器时间常数:选中设备视图中的 CPU、信号模块或信号板,然后选中巡视窗口,设置输入端的滤波器时间常数,如图 9.2.10 所示。

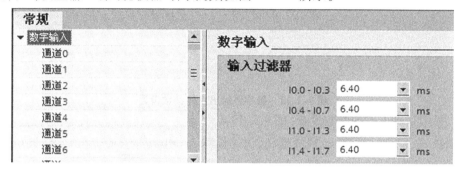

图 9.2.10　设置输入端的滤波器时间常数

② 激活输入点的上升沿和下降沿中断:可以激活输入点的上升沿和下降沿中断功能,以及设置产生中断时调用的硬件中断 OB 块,如图 9.2.11 所示。

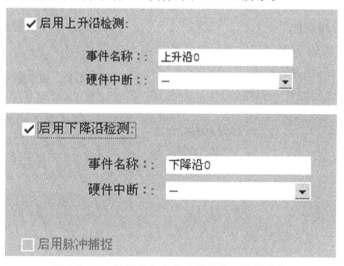

图 9.2.11　激活输入点的上升沿和下降沿中断

③ 激活输入端的脉冲捕捉(pulse catch)功能:暂时保持窄脉冲的 ON 状态,直至下一次刷新输入过程映像。

(8) 数字量输出点的参数设置。

设置"对 CPU STOP 的响应",选择在 CPU 进入 STOP 时,数字量输出保持最后的值,或使用替换值。选择"使用替换值",可以设置替换值:选中复选框表示替换值为 1,反之为 0。如图 9.2.12 所示。

图 9.2.12 数字量输出点的参数设置

(9) 模拟量输入点的参数设置(图 9.2.13)。

模拟输入:积分时间越长,精度越高,快速性越差,干扰抑制频率越低;为了抑制工频干扰,积分时间一般选择 20 ms。

测量类型:测量种类和范围。

启用上溢或下溢诊断:是否启用超出上限值或低于下限值时的诊断功能。

滤波:用平均值数字滤波来实现,滤波等级越高,模拟值越稳定,但快速性越差。

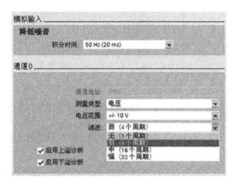

图 9.2.13 模拟量输入点的参数设置

(10) 设置系统与时钟存储器(图 9.2.14)。

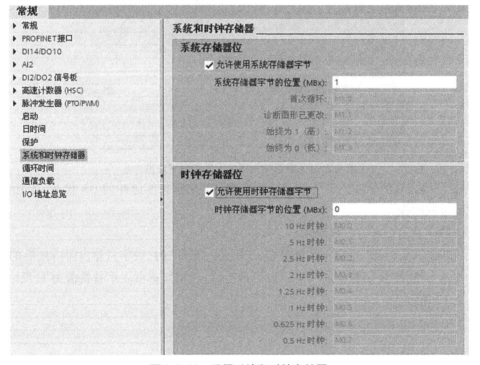

图 9.2.14 设置系统和时钟存储器

(11) 设置 PLC 上电后的启动方式(图 9.2.15)。

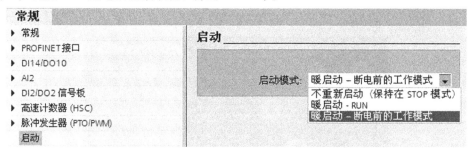

图 9.2.15　设置启动方式

(12) 设置实时时钟(图 9.2.16)。

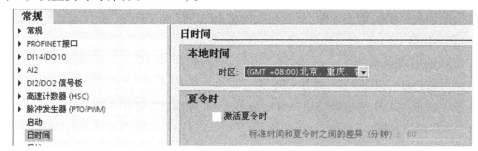

图 9.2.16　设置实时时钟

CPU 带有实时时钟(time-of-day clock),在 PLC 的电源断电时,用超级电容给实时时钟供电。PLC 通电 24 h 后,超级电容拥有了足够的能量,可以保证实时时钟运行 10 天。在线模式下可以设置 CPU 的实时时钟的时间。

(13) 设置循环时间(图 9.2.17)。

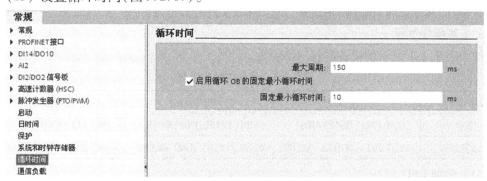

图 9.2.17　设置循环时间

循环时间是操作系统刷新过程映像和执行程序循环 OB 的时间,包括所有中断此循环的程序的执行时间,每次循环的时间并不相等。

4. 设备与网络组态的基本内容

(1) 设备配置。

通过向项目中添加 CPU 和其他模块,并进行参数配置,如图 9.2.18 所示。

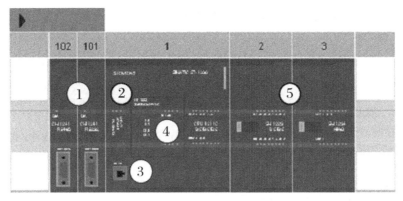

图 9.2.18 设备配置

① 通信模块(CM):最多 3 个,分别插在插槽 101、102 和 103 中。

② CPU:插槽 1。

③ CPU 的以太网端口。

④ 信号板(SB):最多 1 个,插在 CPU 中。

⑤ 数字或模拟 I/O 的信号模块(SM):最多 8 个,分别插在插槽 2 到 9 中。

(2) 建立网络连接。

使用设备配置的"网络视图"(network view)在项目中的各个设备之间创建网络连接。

(3) 组态网络参数。

创建网络连接之后,使用巡视窗口的"属性"(properties)选项卡组态网络的参数。

5. 设备与网络组态的一般步骤

设备与网络组态的一般步骤按照顺序分为添加 CPU、组态 CPU 参数、添加模块、组态模块参数、添加其他设备、创建网络连接、组态网络参数七大步骤。

6. 实践操作过程

按照表 9.2.1 所示的设备进行网络组态。

表 9.2.1 设备的相关信息

设备名称	通信模块	CPU 模块	信号模块
型号	CM 1241(RS422/485)	CPU 1215C DC/DC/DC	SM 1222 DQ16 x 继电器
订货号	6ES7 241 – 1CH32 – 0XB0	6ES7 215 – 1AG40 – 0XB0	6ES7 222 – 1HH32 – 0XB0

(1) 添加 CPU。

① 双击桌面图标启动"TIA Portal V13"。

② 单击"开始"中的"创建新项目"。

③ 输入项目名称"first"并单击"创建"按钮,如图 9.2.19 所示。

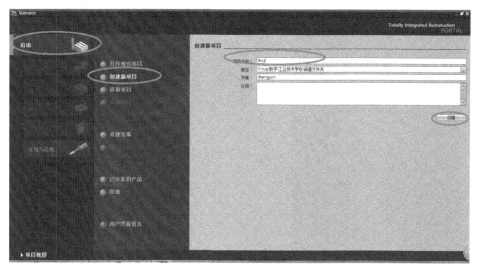

图 9.2.19 添加 CPU

④ 单击"组态设备"进入设备组态界面(图 9.2.20)。

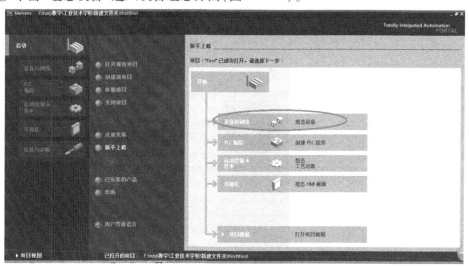

图 9.2.20 组态设备

⑤ 单击"添加新设备",依次选择"控制器"→"SIMATIC S7-1200"→"CPU 1215C DC/DC/DC"→"6ES7 215-1AG40-0XB0",同时选择固件版本为"V4.0",如图 9.2.21 所示。

注:因为实际硬件不同,软件中所选定货号和固件版本应与实际硬件保持一致,否则会出现意想不到的问题,甚至错误。

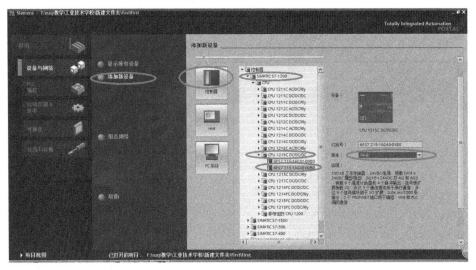

图 9.2.21　添加新设备

⑥ 双击"6ES7 215-1AG40-0XB0"添加设备，进入设备视图，如图 9.2.22 所示。

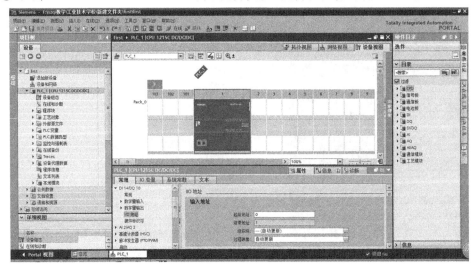

图 9.2.22　设备视图

（2）组态 CPU 参数。

要组态 CPU 的运行参数，在设备视图中选择 CPU，并使用巡视窗口的"属性"选项卡，如图 9.2.23 所示。

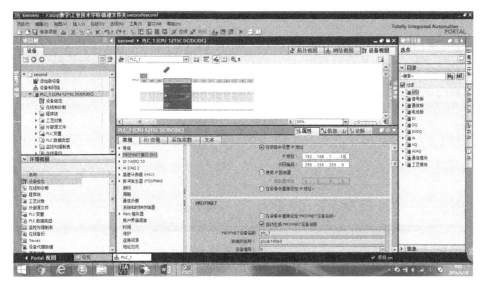

图 9.2.23 "属性"选项卡

编辑属性以组态以下参数:
- PROFINET 接口:设置 CPU 的 IP 地址和时间同步。
- DI、DO 和 AI:组态本地(板载)数字和模拟 I/O 的特性。
- 高速计数器和脉冲发生器:启用并组态高速计数器(HSC,high-speed counter),以及用于脉冲串运行和脉冲宽度调制的脉冲发生器。

将 CPU 或信号板的输出组态为脉冲发生器时(供 PWM 或基本运动控制指令使用),这会从 Q 存储器中移除相应的输出地址(Q0.0、Q0.1、Q4.0 和 Q4.1),并且这些地址在用户程序中不能用于其他用途。如果用户程序向用作脉冲发生器的输出写入值,则 CPU 不会将该值写入物理输出。

- 启动:选择进行开关转换之后 CPU 的特性,如在 STOP 模式下启动或在暖启动后转到 RUN 模式。
- 时间:设置时间、时区和夏令时。
- 保护:设置用于访问 CPU 的读/写保护和密码。
- 系统和时钟存储器:启用一个字节用于"系统存储器"功能(用于"首次扫描"位、"始终打开"位和"始终关闭"位),并启用一个字节用于"时钟存储器"功能(其中每个位都按预定义频率打开和关闭)。
- 循环时间:定义最大循环时间或固定的最小循环时间。
- 通信负载:分配专门用于通信任务的 CPU 时间百分比。

① 将 IP 地址设置为 192.168.1.10,子网掩码:255.255.255.0,如图 9.2.24 所示。

注:编程计算机 IP 地址须事先设定好,并且 PLC 的 IP 地址可根据实际情况调整。

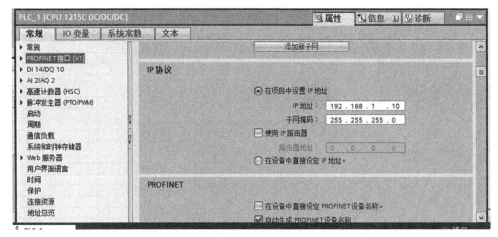

图 9.2.24　设置 IP 协议

② 将"I/O 地址"中"输入地址"和"输出地址"的"起始地址"分别设置为"0",如图 9.2.25 所示。

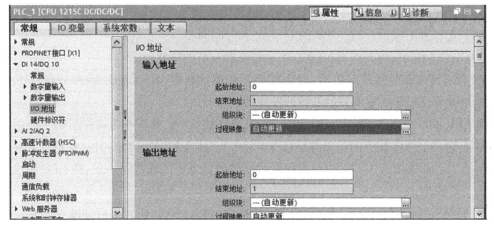

图 9.2.25　设置 I/O 地址

③ 勾选"启用系统存储器字节"和"启用时钟存储器字节"复选框,如图 9.2.26 所示。

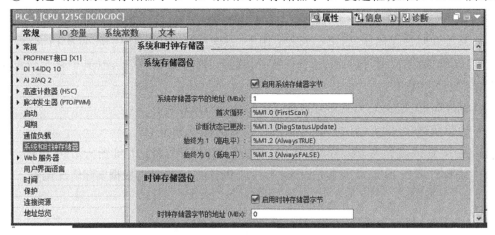

图 9.2.26　设置系统和时钟存储器

④ 其他选项一般的应用默认即可,当然也可以根据需要来设定。

(3) 添加模块。

① 添加信号模块。

依次选择"硬件目录"→"DQ"→"DQ16xRelay"→"6ES7 222-1HH32-0XB0",并拖拽入 2#插槽,如图 9.2.27 所示。

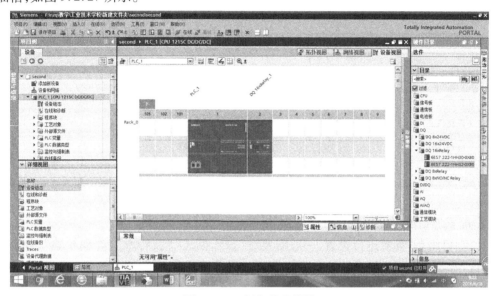

图 9.2.27 添加信号模块

② 添加通信模块。

依次选择"硬件目录"→"通信模块"→"点到点"→"CM1241(RS422/485)"→"6ES7 241-1CH32-0XB0",并拖拽入 101#插槽,如图 9.2.28 所示。

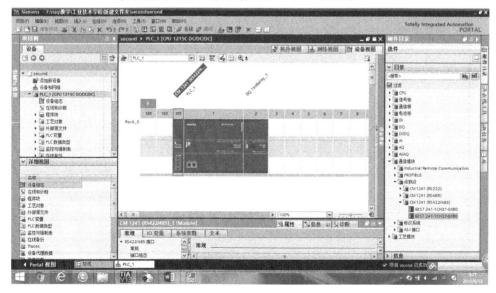

图 9.2.28 添加通信模块

(4) 组态模块参数。

要组态模块的运行参数,请在设备视图中选择模块,并使用巡视窗口的"属性"选项卡组态模块的参数。

① 配置信号模块。

将信号模块的"I/O 地址"中的"起始地址"设置为"2",其他参数默认如图 9.2.29 所示。

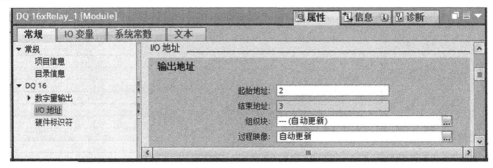

图 9.2.29 配置信号模块

② 配置通信模块。

对"端口组态"参数进行设置,一般需要对"操作模式""波特率""奇偶校验""数据位""停止位"等参数进行设置。该参数的设置方式需要根据与 CPU 通信的另一台设备通信协议保持一致,否则无法正确完成通信。在本设备中设置为默认,如图 9.2.30 所示。

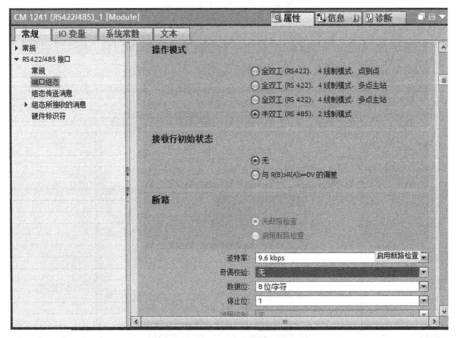

图 9.2.30 配置通信模块

(5) 添加其他设备。

如果需要添加其他设备,方法类似。

(6) 创建网络连接(图 9.2.31)。

① 选择"网络视图"以显示要连接的设备。

② 选择一个设备上的端口(绿色),然后将连接拖到第二个设备上的端口(绿色)处。

③ 释放鼠标按钮以创建网络连接。

图 9.2.31　创建网络连接

(7) 组态网络参数。

在本例中主要组态 IP 地址。

以太网(MAC)地址:在 PROFINET 网络中,制造商会为每个设备都分配一个介质访问控制地址以进行标识。MAC 地址由六组数字组成,每组两个十六进制数,这些数字用连字符(-)或冒号(:)分隔并按传输顺序排列(如 01-23-45-67-89-AB 或 01:23:45:67:89:AB)。

IP 地址:每个设备也都必须具有一个 Internet 协议(IP)地址。该地址使设备可以在更加复杂的路由网络中传送数据。每个 IP 地址分为四段,每段占 8 位,并以点分十进制格式表示(如 211.154.184.16)。IP 地址的第一部分用于表示网络 ID(正位于的网络),地址的第二部分表示主机 ID(对于网络中的每个设备都是唯一的)。IP 地址 192.168.X.Y 是一个标准名称,视为未在 Internet 上路由的专用网的一部分。

子网掩码:子网是已连接的网络设备的逻辑分组。在局域网(LAN,local area network)中,子网中的节点往往彼此之间的物理位置相对接近。掩码(称为子网掩码或网络掩码)定义 IP 子网的边界。子网掩码 255.255.255.0 通常适用于小型本地网络。这就意味着此网络中的所有 IP 地址的前 3 个八位位组应该是相同的,该网络中的各个设备由最后一个八位位组(8 位域)来标识。举例来说,在小型本地网络中,为设备分配子网掩码 255.255.255.0 和 IP 地址 192.168.0.0 到 192.168.0.255,如图 9.2.32 所示。

图 9.2.32 组态网络参数

因为前边 CPU 的 IP 地址已经分配过,本例中 HMI 的 IP 地址在建立网络连接的时候自动给 HMI 分配了 IP 地址。所以无需再对 HMI 进行 IP 设置。

在进行组态下载时,需要将编程计算机的 IP 地址也设置为 192.168.0.X。

三、分析与总结

在 S7-1200 PLC 编程任务中,组态是一个重要的概念,也是重要的操作步骤,一定要特别注意。

四、思考与练习

(1) 什么叫组态,组态的作用是什么?

(2) 怎样才能做好 PLC 的组态,有没有更好的办法?

(3) 什么叫 IP 地址,什么叫子网掩码?对 PLC 程序下载有什么影响?

子任务 3 S7-1200 PLC 程序编写与下载

一、任务目标

（1）熟悉 S7-1200 PLC 编程的流程和步骤。
（2）熟悉 TIA Portal 的应用。

二、任务内容

编写一个简单的 PLC 程序，并完成程序的下载和调试。

创建简单锁存电路，如图 9.3.1 所示。

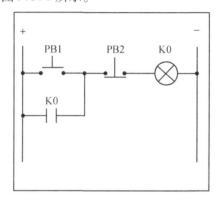

图 9.3.1 锁存电路

- 按下按钮输入 PB1 闭合(ON)，输出 K0 就会激活(ON)。
- 由于锁存电路使用 K0 的状态，因而 PB1 释放(OFF)后 K0 仍保持激活(ON)。
- 按下按钮输入 PB2 将禁用 K0(OFF)。
- K0 保持 OFF 状态，直至按下按钮输入 PB1 再次闭合(ON)。

1. 创建项目

（1）双击桌面图标启动"TIA Portal V13"。
（2）单击"开始"中的"创建新项目"。
（3）输入项目名称"first"并单击"创建"按钮，如图 9.3.2 所示。

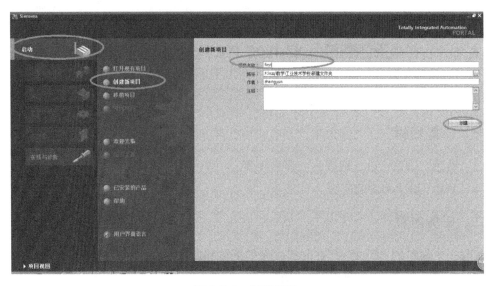

图 9.3.2 创建项目

2. 设备组态(图 9.3.3)

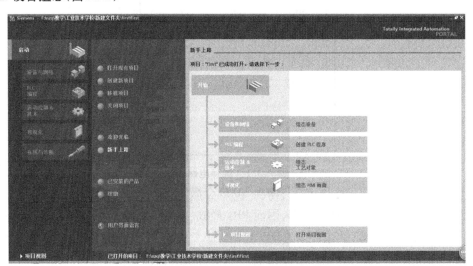

图 9.3.3 设备组态

3. 下载组态

(1) 单击"组态设备"按钮进入设备组态界面,如图 9.3.4 所示。

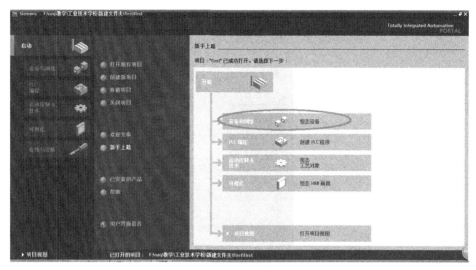

图 9.3.4　组态设备

（2）依次选择"添加新设备"→"控制器"→"SIMATIC S7-1200"→"CPU 1215C DC/DC/DC"→"6ES7 215-1AG40-0XB0"，选择固件版本为"V4.0"，如图 9.3.5 所示。

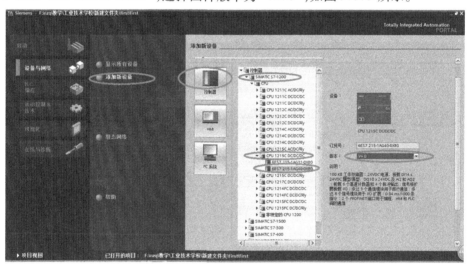

图 9.3.5　添加新设备

（3）双击"6ES7 215-1AG40-0XB0"添加新设备，进入设备视图，如图 9.3.6 所示。

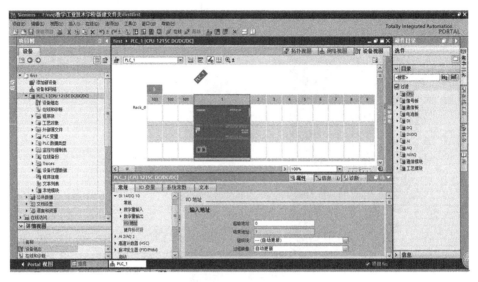

图 9.3.6 设备视图

(4) 设置 IP 地址。

双击"PROFINET 接口",依次选择"常规"→"以太网地址"→"添加新子网",选中"在项目中设置 IP 地址"单选按钮,并设置 IP 地址,如图 9.3.7 所示。

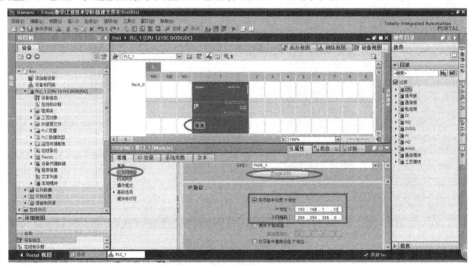

图 9.3.7 设置 IP 地址

(5) 设置计算机 IP 地址为"192.168.1.X(除了 10 之外的其他数字)",使编程计算机与 CPU 处于同一子网网段内。

(6) 在插槽 1 中依次选择"CPU"→"常规"→"DI14/DQ10"→"I/O 地址",设置"输入地址"和"输出地址"的起始地址,此处设置为默认值。也可以根据需要对 CPU 的起始地址进行设置和调整,如图 9.3.8 所示。

图 9.3.8 设置起始地址

4. 建立变量

如图 9.3.9 所示,从"项目树"中选择"PLC 变量",双击"显示所有变量",添加 I/O 变量。

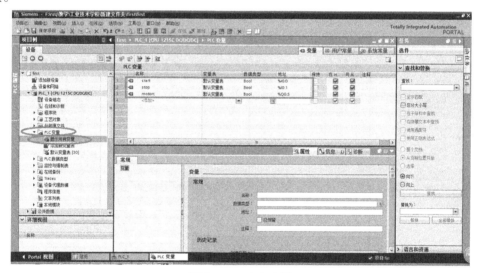

图 9.3.9 建立变量

5. 建立程序

(1) 建立程序。

从"项目树"中选择"程序块",双击"Main"进入编程器,在编辑器工作区内,分别将指令拖入编辑区,如图 9.3.10 所示。

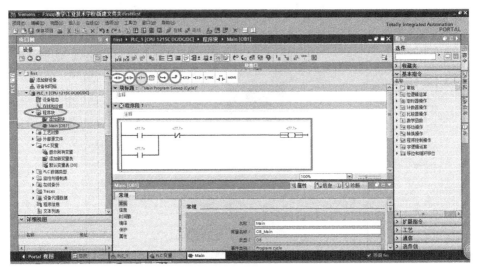

图 9.3.10 建立程序

(2) 关联变量。

双击"显示所有变量",打开变量表,单击"垂直拆分编辑器空间",将"Main 程序块"和"PLC 变量"平铺,将变量分别拖入相应的位置,如图 9.3.11 所示。

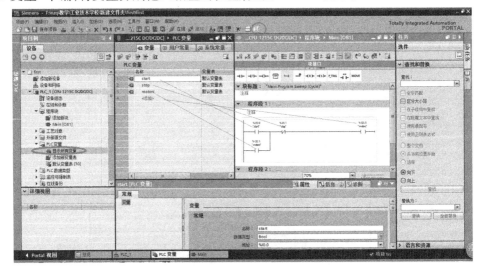

图 9.3.11 关联变量

6. 下载程序

单击"保存项目",单击"下载到设备",在弹出的"扩展的下载到设备"对话框中设置接口,单击"开始搜索"按钮,单击"下载"按钮将程序下载到 CPU,如图 9.3.12 所示。

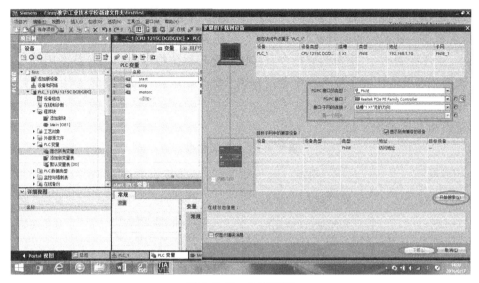

图 9.3.12　下载程序

7. 测试程序

（1）利用外部设备进行程序测试。

（2）将 I0.0、I0.1、Q0.5 分别替换为 M0.0、M0.1 和 M0.5，在强制表中进行测试。

三、分析与总结

在 S7-1200 PLC 编程应用过程中，组态或 IP 设置成为编程任务能否实现的重要步骤，需要在深刻领会组态概念的基础上多加练习。

四、思考与练习

试总结 S7-1200 PLC 编程的步骤和任务要点。

子任务 4　S7-1200 PLC 基本指令与应用

* *

一、任务目标

（1）熟悉 S7-1200 PLC 基本指令。
（2）掌握 S7-1200 PLC 基本指令的应用方法。
（3）能够应用 S7-1200 PLC 基本指令编写简单程序。

二、任务内容

S7-1200 的指令从功能上大致可分为三类：基本指令、扩展指令和全局库指令。基本指令包括:位逻辑指令、定时器、计数器、比较指令、数学指令、移动指令、转换指令、程序控制指令、逻辑运算指令及移位和循环移位指令等。本任务仅介绍常用的位逻辑指令、比较指令、转换指令、程序控制指令、逻辑运算指令及移位和循环移位指令的功能及其使用方法。定时器与计数器指令及应用在子任务5中专门介绍。数学指令和移动指令请参阅帮助文件。

1. 位逻辑指令

位逻辑指令见表9.4.1。

表9.4.1　位逻辑指令

图形符号	功能	图形符号	功能
─┤├─	常开触点(地址)	─(S)─	置位线圈
─┤/├─	常闭触点(地址)	─(R)─	复位线圈
─( )─	输出线圈	─(SET_BF)─	置位域
─(/)─	反向输出线圈	─(RESET_BF)─	复位域
─┤NOT├─	取反	─┤P├─	P触点,上升沿检测
RS触发器 (R Q S1)	RS 置位优先型 RS 触发器	─┤N├─	N触点,下降沿检测
		─(P)─	P线圈,上升沿
		─(N)─	N线圈,下降沿
SR触发器 (S Q R1)	SR 复位优先型 SR 触发器	P_TRIG CLK Q	P_Trig,上升沿
		N_TRIG CLK Q	N_Trig,下降沿

(1) 区域置位/复位指令。

区域置位/复位指令的应用如图9.4.1所示,可以将从Q4.0开始的4个连续的位置位,将Q4.0开始的7个连续的位复位。

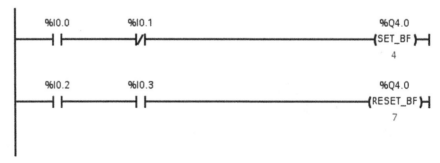

图9.4.1　区域置位/复位指令

(2) SR 触发器和 RS 触发器(图9.4.2)。

按动一次瞬时按钮 I0.0,输出 Q4.0 亮,再按动一次按钮,输出 Q4.0 灭,重复以上。

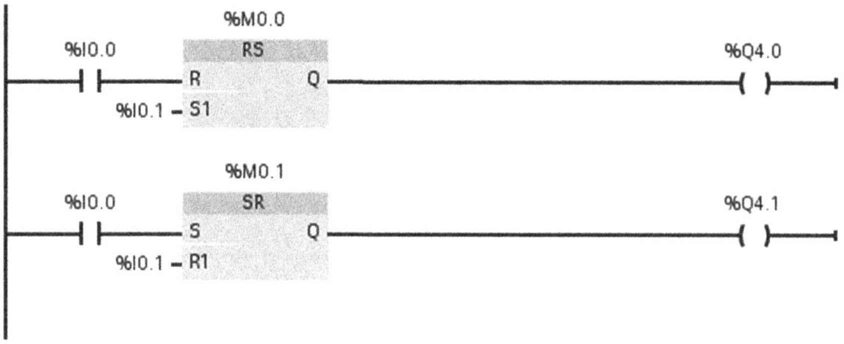

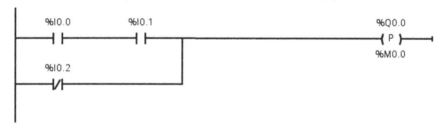

图 9.4.2　RS 触发器和 SR 触发器

按动一次瞬时按钮 I0.0,输出 Q4.0 亮,再按动一次按钮,输出 Q4.0 灭,重复以上。

(3) 边沿指令(图 9.4.3)。

按下按钮 I0.0 和 I0.1,Q0.0 产生一个扫描周期宽度的脉冲信号。

图 9.4.3　边沿指令

2. 比较指令

比较指令见表 9.4.2。

表 9.4.2　比较指令

指令	关系类型	满足以下条件时比较结果为真	支持的数据类型
┤ == ├ ???	=(等于)	IN1 等于 IN2	SInt、Int、DInt、USInt、UInt、UDInt、Real、LReal、String、Char、Time、DTL、Constant
┤ <> ├ ???	<>(不等于)	IN1 不等于 IN2	
┤ >= ├ ???	>=(大于等于)	IN1 大于等于 IN2	
┤ <= ├ ???	<=(小于等于)	IN1 小于等于 IN2	
┤ > ├ ???	>(大于)	IN1 大于 IN2	
┤ < ├ ???	<(小于)	IN1 小于 IN2	

续表

指令	关系类型	满足以下条件时比较结果为真	支持的数据类型
IN_RANGE ??? — MIN — VAL — MAX	IN_RANGE(值在范围内)	MIN <= VAL <= MAX	SInt、Int、DInt、USInt、UInt、UDInt、Real、Constant
OUT_RANGE ??? — MIN — VAL — MAX	OUT_RANGE(值在范围外)	VAL < MIN 或 VAL > MAX	
—|OK|—	OK(检查有效性)	输入值为有效 REAL 数	Real、LReal
—|NOT_OK|—	NOT_OK(检查无效性)	输入值不是有效 REAL 数	

3. 移动指令

移动指令见表 9.4.3。

表 9.4.3 移动指令

指令	功能
MOVE — EN ENO — — IN OUT1 —	将存储在指定地址的数据元素复制到新地址
MOVE_BLK — EN ENO — — IN OUT — — COUNT	将数据元素块复制到新地址的可中断移动,参数 COUNT 指定要复制的数据元素个数
UMOVE_BLK — EN ENO — — IN OUT — — COUNT	将数据元素块复制到新地址的不中断移动,参数 COUNT 指定要复制的数据元素个数
FILL_BLK — EN ENO — — IN OUT — — COUNT	可中断填充指令使用指定数据元素的副本填充地址范围,参数 COUNT 指定要填充的数据元素个数
UFILL_BLK — EN ENO — — IN OUT — — COUNT	不中断填充指令使用指定数据元素的副本填充地址范围,参数 COUNT 指定要填充的数据元素个数
SWAP ??? — EN ENO — — IN OUT —	SWAP 指令用于调换二字节和四字节数据元素的字节顺序,但不改变每个字节中的位顺序,需要指定数据类型

4. 转换指令

转换指令见表 9.4.4。

表 9.4.4 转换指令

指令	名称	指令	名称
CONV ??? to ??? EN ENO IN OUT	转换	FLOOR Real to ??? EN ENO IN OUT	上取整
ROUND Real to ??? EN ENO IN OUT	取整	TRUNC Real to ??? EN ENO IN OUT	下取整
CEIL Real to ??? EN ENO IN OUT	截取	SCALE_X Real to ??? EN ENO MIN OUT VALUE MAX	标定
		NORM_X ??? to Real EN ENO MIN OUT VALUE MAX	标准化

5. 程序控制指令

程序控制指令见表 9.4.5。

表 9.4.5 程序控制指令

指令	功能
─(JMP)─	如果有能流通过该指令线圈,则程序将从指定标签后的第一条指令继续执行
─(JMPN)─	如果没有能流通过该指令线圈,则程序将从指定标签后的第一条指令继续执行
<???>	JMP 或 JMPN 跳转指令的目标标签
─(RET)─	用于终止当前块的执行

6. 字逻辑指令

字逻辑指令见表 9.4.6。

表 9.4.6　字逻辑指令

指令	名称	指令	名称
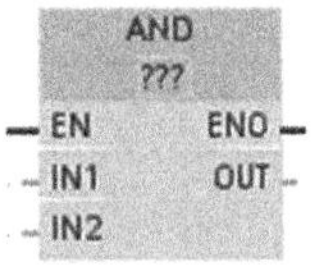 AND	与逻辑运算	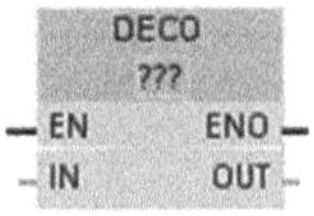 DECO	解码
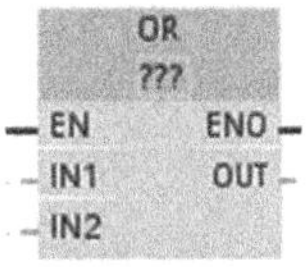 OR	或逻辑运算	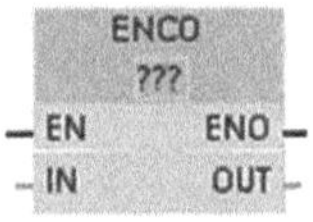 ENCO	编码
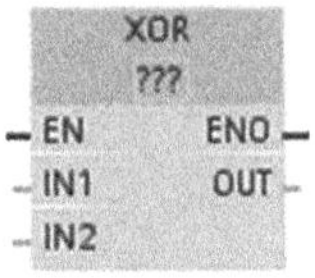 XOR	异或逻辑运算	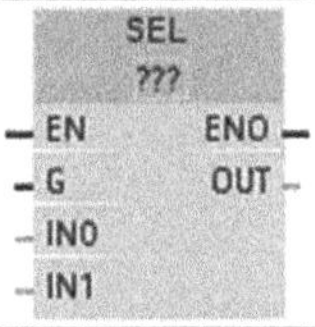 SEL	选择
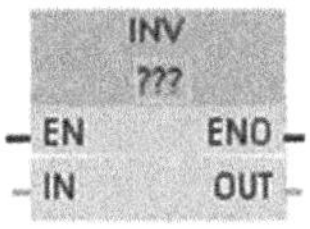 INV	反码	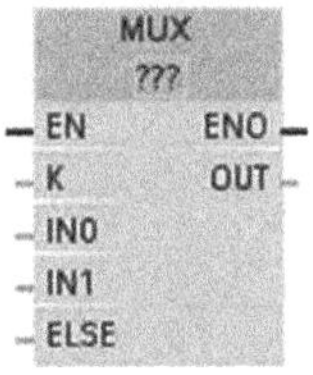 MUX	多路复用

7. 移位和循环指令

移位和循环指令见表 9.4.7。

表 9.4.7　移位和循环指令

指令	功能
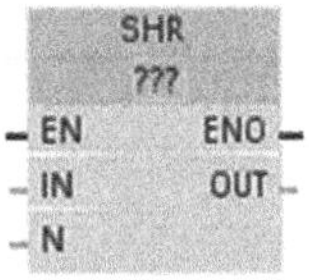 SHR	将参数 IN 的位序列右移 N 位,结果送给参数 OUT
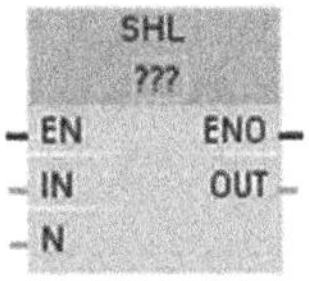 SHL	将参数 IN 的位序列左移 N 位,结果送给参数 OUT
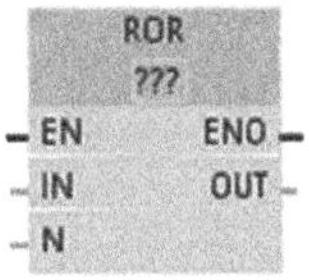 ROR	将参数 IN 的位序列循环右移 N 位,结果送给参数 OUT

续表

指令	功能
ROL ??? —EN ENO— —IN OUT— —N	将参数 IN 的位序列循环左移 N 位,结果送给参数 OUT

8. 基本指令的应用

(1)控制传送带。

① 任务描述。

图 9.4.4 显示了以电气方式激活的传送带。在传送带的开始端有两个按钮:S1 用于启动,S2 用于停止。在传送带的末端也有两个按钮:S3 用于启动,S4 用于停止。从任何一端都可启动或停止传送带。

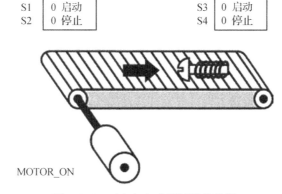

图 9.4.4 以电气方式激活的传送带

② 任务分析。

从任何一端都可启动或停止传送带。S1 和 S3、S2 和 S4 为并联关系。

③ 任务实施。

a. 定义变量(表 9.4.8)。

表 9.4.8 变量的定义

名称	数据类型	说明
StartSwitch_Left(S1)	BOOL	传送带左侧的启动开关
StartSwitch_Left(S2)	BOOL	传送带左侧的停止开关
StartSwitch_Right(S3)	BOOL	传送带右侧的启动开关
StartSwitch_Right(S4)	BOOL	传送带右侧的停止开关
MOTOR_ON	BOOL	启动传送带电机

b. 编写程序(图9.4.5)。

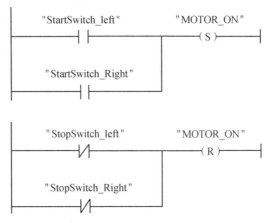

图 9.4.5　编写程序

c. 下载程序并测试。

（2）检测传送带的传送方向。

① 任务描述。

如图9.4.6所示，检测到的传送带传送方向用右箭头或左箭头指示。如果传送的其他物料正在从右边接近 PEB1 或从左边接近 PEB2，显示的箭头最初会关闭，直至两个光电屏蔽均通过后，才能重新检测到传送方向并显示相应的箭头。

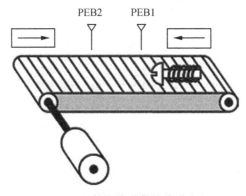

图 9.4.6　检测传送带的传送方向

② 任务分析。

任务解决方案需要双沿存储器位来检测两个光电屏蔽上从"0"到"1"的信号变化。

③ 任务实施。

a. 定义变量(表9.4.9)。

表9.4.9 变量的定义

名称	数据类型	说明
PEB1	BOOL	光电屏蔽1
PEB2	BOOL	光电屏蔽2
RIGHT	BOOL	向右移动指示灯
LEFT	BOOL	向左移动指示灯
CM1	BOOL	沿位存储器1
CM2	BOOL	沿位存储器2

b. 编写程序(图9.4.7)。

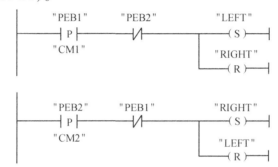

图9.4.7 编写程序

c. 下载程序并测试。

(3) 三人抢答器。

① 任务描述。

抢答器有三个抢答输入按钮,三个抢答指示灯输出和一个复位输入按钮。要求:三人中任意抢答,谁先按按钮,谁的指示灯优先亮,且只能亮一盏灯,进行下一问题时主持人按复位按钮,抢答重新开始。

② 任务分析。

主持人复位按钮优先于抢答按钮,采用复位优先的SR指令。

③ 任务实施。

a. 变量定义(表9.4.10)。

表9.4.10 变量定义

名称	说明
I0.0	抢答按钮1
I0.1	抢答按钮2
I0.2	抢答按钮3
I0.4	主持人复位按钮
Q4.0	抢答指示灯1
Q4.1	抢答指示灯2
Q4.2	抢答指示灯3

b. 编写程序(图 9.4.8)。

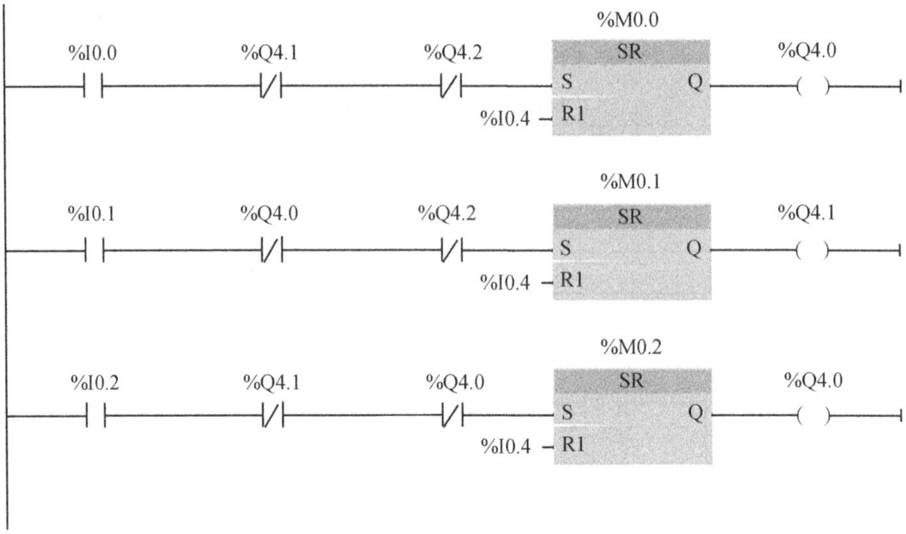

图 9.4.8　编写程序

c. 程序下载并测试。

三、分析与总结

(1) 在 PLC 程序编写过程中要熟悉常用指令的功能及应用方法。

(2) 对于一般基本 PLC 的编程问题,基本思路如下:首先按照任务描述,对任务进行分析。在任务分析过程中,要善于从任务描述中提取关键信息(任务的对象、待解决问题的性质、待解决问题的要素及各个要素之间的内在关系),然后将其具化为 PLC 的变量和指令。接着用变量和指令来描述或表达任务所描述对象、问题及问题各要素之间的内在关系,就构成 PLC 程序。最后将程序下载到 PLC 并测试即可。

四、思考与练习

(1) S7-1200 PLC 基本指令有哪些?
(2) 试总结应用基本指令解决 PLC 控制任务的步骤和要点。

子任务 5　S7-1200 PLC 定时器与计数器指令的应用

一、任务目标

(1) 熟悉定时器与计数器指令。
(2) 会应用定时器与计数器指令解决基本问题。

二、任务内容

(一) 定时器指令

1. 定时器

定时器的类型及描述见表9.5.1。

表9.5.1 定时器的类型及描述

类型	描述
TP	脉冲定时器可生成具有预设宽度时间的脉冲
TON	接通延迟定时器输出Q在预设的延时过后设置为ON
TOF	关断延迟定时器输出Q在预设的延时过后重置为OFF
TONR	保持型接通延迟定时器输出在预设的延时过后设置为ON

(1) 脉冲定时器(TP)(图9.5.1)。

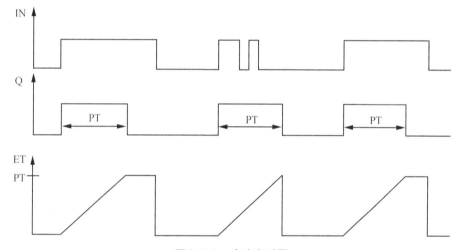

图9.5.1 脉冲定时器

(2) 接通延迟定时器(TON)(图9.5.2)。

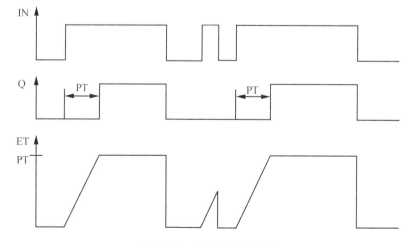

图9.5.2 接通延迟定时器

(3) 关断延时定时器(TOF)(图9.5.3)。

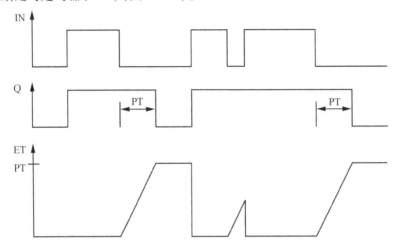

图 9.5.3　关断延时定时器

(4) 保持型接通延时定时器(TONR)(图9.5.4)。

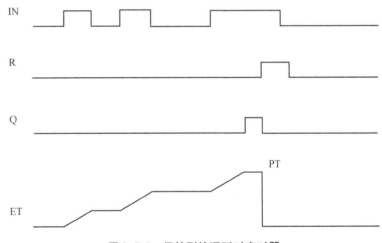

图 9.5.4　保持型接通延时定时器

(二) 操作与练习

1. 问题一

(1) 任务描述。

按下瞬时启动按钮,5秒后电机启动,按下瞬时停止按钮,10秒后电机停止。

(2) 任务分析。

该问题为延时启动和延时停止的问题,可以抽象为延时接通定时器和延时关断定时器的应用问题。

(3) 任务实施。

① 变量定义。

为 PLC 程序定义所用的端口和变量。

② 编写程序(图9.5.5)。

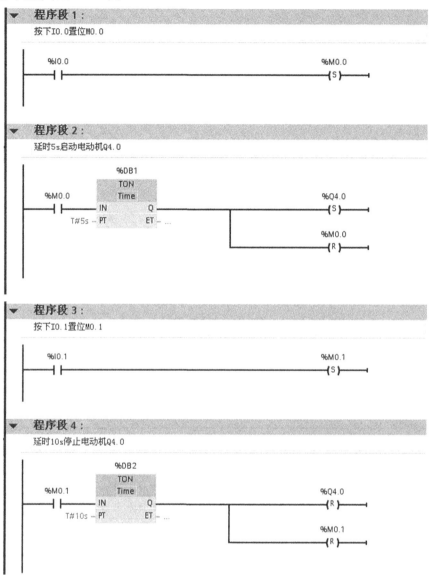

图9.5.5 编写程序

2. 问题二

(1) 任务描述。

按下瞬时启动按钮,接通1秒、关断1秒的周期振荡程序。按下停止按钮程序结束。

(2) 任务分析。

该问题可以抽象为两个脉冲定时器的应用问题。

(3) 任务实施。

① 变量定义。

为程序定义 PLC 编程所用的端口和变量。

② 编写程序(图 9.5.6)。

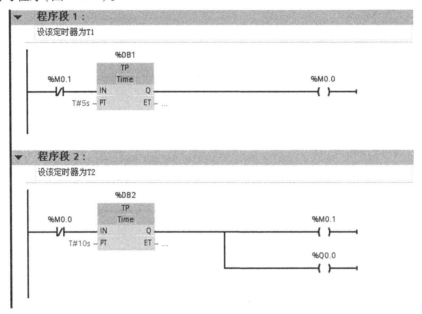

图 9.5.6 编写程序

(三) 计数器指令

1. 加计数器(CTU)

加计数器见表 9.5.2。

表 9.5.2 加计数器

参数	声明	数据类型	存储区	说明
CU	Input	BOOL	I、Q、M、D、L 或常数	计数输入
R	Input	BOOL	I、Q、M、D、L、P 或常数	复位输入
PV	Input	INT	I、Q、M、D、L、P 或常数	置位输出 Q 的值
Q	Output	BOOL	I、Q、M、D、L	计数器状态
CV	Output	INT、CHAR、WCHAR、DATE	I、Q、M、D、L、P	当前计数器值

2. 减计数器(CTD)

减计数器见表 9.5.3。

表 9.5.3 减计数器

参数	声明	数据类型	存储区	说明
CD	Input	BOOL	I、Q、M、D、L 或常数	计数输入
R	Input	BOOL	I、Q、M、D、L、P 或常数	复位输入
PV	Input	INT	I、Q、M、D、L、P 或常数	置位输出 Q 的值
Q	Output	BOOL	I、Q、M、D、L	计数器状态
CV	Output	INT、CHAR、WCHAR、DATE	I、Q、M、D、L、P	当前计数器值

3. 加减计数器(CTUD)

加减计数器见表9.5.4。

表9.5.4 加减计数器

参数	声明	数据类型	存储区	说明
CU	Input	BOOL	I、Q、M、D、L 或常数	加计数输入
CD	Input	BOOL	I、Q、M、D、L 或常数	减计数输入
R	Input	BOOL	I、Q、M、D、L、P 或常数	复位输入
LD	Input	BOOL	I、Q、M、D、L、P 或常数	装载输入
PV	Input	INT	I、Q、M、D、L、P 或常数	置位输出 QU 的值 /使用 LD=1 置位输出 CV 的目标值
QU	Output	BOOL	I、Q、M、D、L	加计数器的状态
QD	Output	BOOL	I、Q、M、D、L	减计数器的状态
CV	Output	INT、CHAR、WCHAR、DATE	I、Q、M、D、L、P	当前计数器值

(四) 操作与练习

1. 问题一

(1) 任务描述。

要求灯控按钮按下一次,灯1亮;按下两次,灯1、2全亮;按下三次,灯1和灯2全灭,如此循环。

(2) 任务分析。

在程序中所用计数器为加法计数器,当加到3时,必须复位计数器,这是关键。

(3) 任务实施

① 变量定义。

为程序定义 PLC 编程所用的端口和变量。

② 编写程序(图9.5.7)。

```
                    %DB8
                    CTU
                    Int
   %I0.0       ┌──────────┐
   ─┤ ├────────┤CU       Q├──────────────────────────────
                │          │
   %M0.0 ──────┤R       CV├─ %MW2
         10 ──┤PV         │
              └──────────┘

   %MW2                                              %Q4.0
   ─┤==├─────────────────────────────────────────────( S )─
    Int
     1

   %MW2                                              %Q4.0
   ─┤==├──────────┬──────────────────────────────────( S )─
    Int           │
     2            │                                  %Q4.1
                  └──────────────────────────────────( S )─

   %MW2                                              %M0.0
   ─┤==├──────────┬──────────────────────────────────( )─
    Int           │
     3            │                                  %Q4.0
                  └──────────────────────────────────(RESET_BF)─
                                                         2
```

图 9.5.7　编写程序

2. 问题二

（1）任务描述。

图 9.5.8 显示的系统中包含两条传送带和一个临时存储区，临时存储区位于两条传送带之间。传送带 1 将包裹传送到该存储区。传送带 1 末端靠近存储区的光电屏蔽，负责检测传送到存储区的包裹数量。传送带 2 将包裹从临时存储区传输到装载台，卡车从此处取走包裹并发送给用户。存储区出口处的光电屏蔽，负责检测离开存储区传入装载台的包裹数量。五个指示灯用于指示临时存储区的容量。

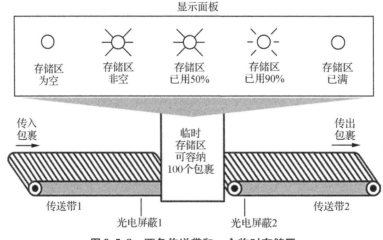

图 9.5.8　两条传送带和一个临时存储区

（2）任务分析。

可以将该任务抽象为加减计数器和比较指令。

（3）任务实施。

① 变量定义（表9.5.5）。

表9.5.5 变量的定义

名称	数据类型	说明
PEB1	BOOL	光电屏蔽1
PEB2	BOOL	光电屏蔽2
RESET	BOOL	复位计数器
LOAD	BOOL	将计数器设置为"PV"参数的值
STOCK	INT	重新启动时的库存
PACKAGECOUNT	INT	存储区中的包裹数（当前计数值）
STOCK_PACKAGES	BOOL	当前计数值大于或等于变量"STOCK"的值时置位
STOR_EMPTY	BOOL	指示灯：存储区为空
STOR_NOT_EMPTY	BOOL	指示灯：存储区域非空
STOR_50%_FULL	BOOL	指示灯：存储区已用50%
STOR_90%_FULL	BOOL	指示灯：存储区已用90%
STOR_FULL	BOOL	指示灯：存储区已满
VOLUME_50	INT	比较值：50个包裹
VOLUME_90	INT	比较值：90个包裹
VOLUME_100	INT	比较值：100个包裹

② 编写程序（图9.5.9）。

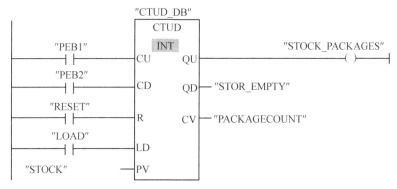

图9.5.9 编写程序

当一个包裹传送到存储区时，"PEB1"处的信号状态从"0"变为"1"（信号上升沿）。"PEB1"在信号上升沿时，将启用加计数器，同时"PACKAGECOUNT"的当前计数值递增1。

当一个包裹从存储区传送到装载台时，"PEB2"处的信号状态从"0"变为"1"（信号上升沿)。"PEB2"在信号上升沿时,将启用减计数器,同时"PACKAGECOUNT"的当前计数值递减1。

只要存储区中没有包裹("PACKAGECOUNT" = "0"),则"STOR_EMPTY"变量的信号状态置位为"1",同时点亮"存储区为空"指示灯。

"RESET"变量的信号状态置位为"1"时,会将当前计数值复位为"0"。

如果"LOAD"变量的信号状态设置为"1",则会将当前计数值设置为"MAX STORAGE AREA FILL AMOUNT"变量的值。如果当前计数值大于或等于"MAX STORAGE AREA FILL AMOUNT"变量的值,则"STOCK_PACKAGES"变量的信号状态为"1"。

只要存储区中有包裹,"STOR_NOT_EMPTY"变量的信号状态就会设置为"1",同时点亮"存储区非空"指示灯,如图9.5.10所示。

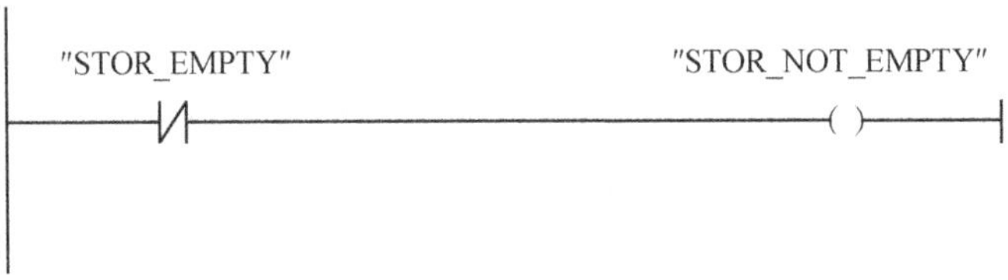

图 9.5.10　存储区非空

如果存储区中的包裹数大于或等于50,则"存储区已用50%"指示灯将点亮,如图9.5.11所示。

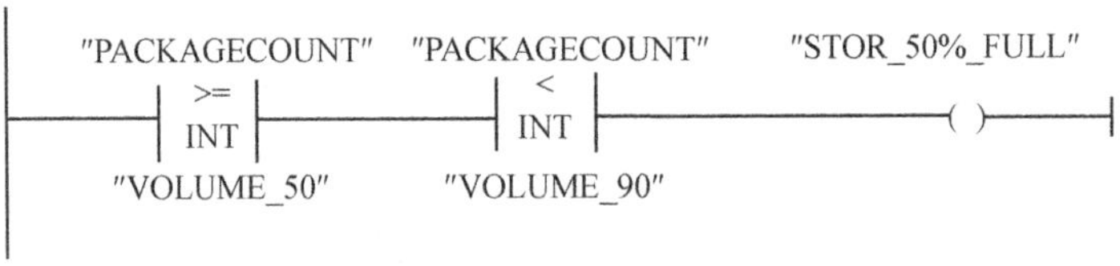

图 9.5.11　存储区已用50%

如果存储区中的包裹数大于或等于90,则"存储区已用90%"指示灯将点亮,如图9.5.12所示。

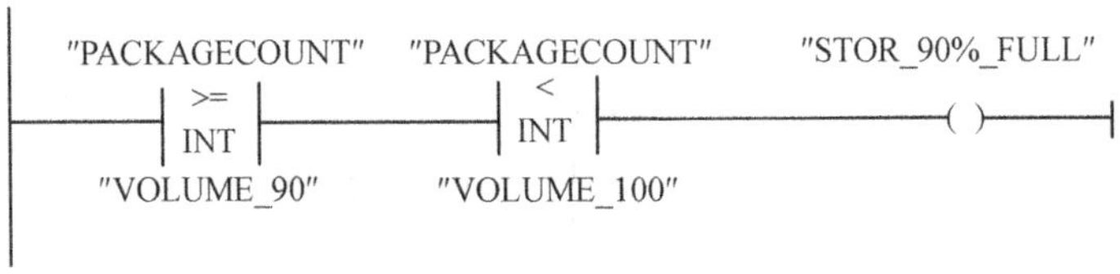

图 9.5.12　存储区已用90%

如果存储区中的包裹数达到100,则"存储区已满"消息指示灯将点亮,如图9.5.13所示。

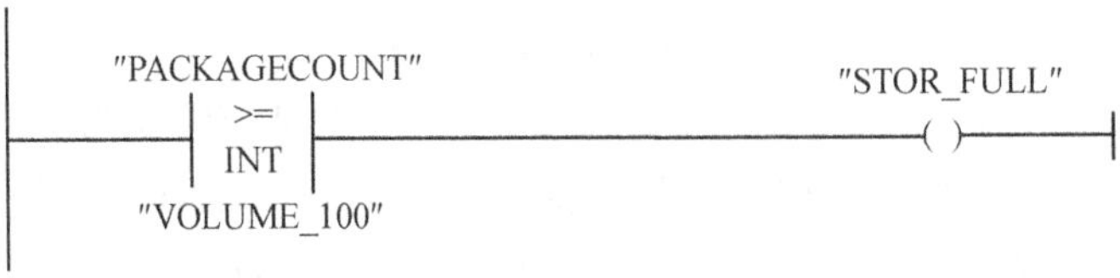

图 9.5.13　存储区已满

三、分析与总结

定时器指令是用来解决与时间有关的问题的,在实际应用过程中,遇到诸如与时间相关的问题时,我们首先应该想到的是要用到定时器指令。计数器指令则是用来解决与次数相关的问题的,与次数有关的问题,我们首先应该要想到应用计数器指令。

四、思考与练习

(1) 定时器指令分为哪几种,分别是什么?
(2) 定时器指令中如何进行时间设定?
(3) 计时器指令分为哪几种,分别是什么?
(4) 计数器指令中如何设置预设值?

子任务6 S7-1200 PLC 程序设计方法

一、任务目标

(1) 理解 CPU 的工作原理与程序组织的方式。
(2) 理解程序的设计方法。

二、任务内容

(一) CPU 的工作原理及程序组织

1. CPU 的工作原理

CPU 有以下三种工作模式:STOP 模式、STARTUP 模式和 RUN 模式。CPU 前面的状态 LED 指示当前工作模式。

- 在 STOP 模式下,CPU 不执行任何程序,而用户可以下载项目。在 STOP 模式下,CPU 处理所有通信请求(如果适用)并执行自诊断。只有在 CPU 处于 STOP 模式时,才能下载项目。

- 在 STARTUP 模式下,执行一次启动组织块(OB)(如果存在)。在 RUN 模式的启动阶段,不处理任何中断事件。

- 在 RUN 模式下,重复执行扫描周期。中断事件可能会在程序循环阶段的任何点发生并进行处理。处于 RUN 模式下时,无法下载任何项目。在 RUN 模式下,CPU 执行图 9.6.1 所示的任务。

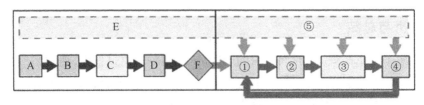

图 9.6.1 执行任务

（1）在 STARTUP 阶段。

A：复位 I 存储区。

B：使用上一次 RUN 模式最后的值或替换值初始化输出。

C：执行启动 OB。

D：将物理输入的状态复制到 I 存储器。

E：将所有中断事件存储到要在 RUN 模式下处理的队列中。

F：将过程映像输出区（Q 区）的值写到物理输出。

（2）在 RUN 阶段。

① 将过程映像输出区（Q 区）的值写到物理输出。

② 将物理输入的状态复制到 I 存储器。

③ 执行程序循环 OB。

④ 处理通信请求和进行自诊断。

⑤ 在扫描周期的任何阶段处理中断和通信。

（3）在 STOP 阶段。

循环执行①和②的工作，CPU 不执行用户程序，过程映像也不会自动更新。在 RUN 模式下处理扫描周期，在每个扫描周期中，CPU 都会写入输出、读取输入、执行用户程序、更新通信模块、执行内部处理工作及响应用户中断事件和通信请求。在扫描期间会定期处理通信请求。以上操作（用户中断事件除外）按先后顺序定期进行处理。对于已启用的用户中断事件，则根据优先级按其发生顺序进行处理。

系统要保证扫描周期在一定的时间段内（最大循环时间）完成，否则将生成时间错误事件。

• 在每个扫描周期的开始，从过程映像重新获取数字量及模拟量输出的当前值，然后将其写入 CPU、SB 和 SM 模块上组态为自动 I/O 更新（默认组态）的物理输出。通过指令访问物理输出时，输出过程映像和物理输出本身都将被更新。

• 随后在该扫描周期中，将读取 CPU、SB 和 SM 模块上组态为自动 I/O 更新（默认组态）的数字量及模拟量输入的当前值，然后将这些值写入过程映像。通过指令访问物理输入时，指令将访问物理输入的值，但输入过程映像不会更新。

• 读取输入后，系统将从第一条指令开始执行用户程序，一直执行到最后一条指令。其中包括所有的程序循环 OB 及其所有关联的 FC 和 FB。程序循环 OB 根据 OB 编号依次执行，OB 编号最小的先执行。

• 在扫描期间会定期处理通信请求，这可能会中断用户程序的执行。

- 自诊断检查包括定期检查系统和检查 I/O 模块的状态。
- 中断可能发生在扫描周期的任何阶段,并且由事件驱动。事件发生时,CPU 将中断扫描循环,并调用被组态用于处理该事件的 OB。OB 处理完该事件后,CPU 从中断点继续执行用户程序。

2. 组织块(OB)

组织块(OB)控制用户程序的执行。CPU 中的特定事件将触发组织块的执行。OB 无法互相调用或通过 FC 或 FB 调用。只有启动事件(如诊断中断或时间间隔)可以启动 OB 的执行。CPU 按优先等级处理 OB,即先执行优先级较高的 OB,然后执行优先级较低的 OB。最低优先等级为 1(对应主程序循环),最高优先等级为 26(对应时间错误中断)。

根据事件类型可以将 OB 分为程序循环、启动、时间延迟、循环中断、硬件中断、时间错误中断和诊断错误中断 7 种类型。这 7 种类型的 OB 具有不同的优先级,见表 9.6.1。

表 9.6.1 7 种类型的 OB

事件类型	OB 编号	OB 个数	启动事件	队列深度	OB 优先级	优先级组
程序循环	1 或 ≥200	≥1	启动或结束前循环 OB	1	1	1
启动	100 或 ≥200	≥0	从 STOP 切换到 RUN	1	1	1
时间延迟	≥200	≤4	延迟时间到	8	3	2
循环中断	≥200	≤4	固定的循环时间到	8	4	2
硬件中断	≥200	≤50	上升沿(≤16 个)、下降沿(≤16 个)	32	5	2
			HSC 计数值 = 设定值,计数方向编号,外部复位,最大分别 6 个	16	6	2
诊断错误	82	0 或 1	模块检测到错误	8	9	2
时间错误	80	0 或 1	超过最大循环时间,调用的 OB 正在执行,队列溢出,因为中断负荷过高丢失中断	8	26	3

(1)程序循环 OB。

在 CPU 处于 RUN 模式时循环执行。主程序块是程序循环 OB。用户在其中放置控制程序的指令及调用其他用户块。允许使用多个程序循环 OB,它们按编号顺序执行。OB 1 是默认循环 OB。其他程序循环 OB 必须标识为 OB 200 或更大。

(2)启动 OB。

在 CPU 的工作模式从 STOP 切换到 RUN 时执行一次,包括处于 RUN 模式时和执行 STOP 到 RUN 切换命令时上电。之后将开始执行主程序循环 OB。允许有多个启动 OB。OB 100 是默认启动 OB。其他启动 OB 必须是 OB 200 或更大。

(3)时间延迟 OB。

通过启动中断(SRT_DINT)指令组态事件后,时间延迟 OB 将以指定的时间间隔执行。延迟时间在扩展指令 SRT_DINT 的输入参数中指定。指定的延迟时间结束时,时间延迟 OB 将中断正常的循环程序执行。对任何给定的时间最多可以组态 4 个时间延迟事件,每个组态的时间延迟事件只允许对应一个 OB。时间延迟 OB 必须是 OB 200 或更大。

(4) 循环中断 OB。

循环中断 OB 将按用户定义的时间间隔(例如,每隔 2 秒)中断循环程序执行。最多可以组态 4 个循环中断事件,每个组态的循环中断事件只允许对应一个 OB。该 OB 必须是 OB 200 或更大。

(5) 硬件中断 OB。

硬件中断 OB 在发生相关硬件事件时执行,包括内置数字输入端的上升沿和下降沿事件以及 HSC 事件。硬件中断 OB 将中断正常的循环程序执行来响应硬件事件信号。可以在硬件配置的属性中定义事件。每个组态的硬件事件只允许对应一个 OB。该 OB 必须是 OB 200 或更大。

(6) 诊断错误中断 OB。

诊断错误中断 OB 在检测到和报告诊断错误时执行。如果具有诊断功能的模块发现错误(如果模块已启用诊断错误中断),诊断 OB 将中断正常的循环程序执行。OB 82 是唯一支持诊断错误事件的 OB。如果程序中没有诊断 OB,则可以组态 CPU 使其忽略错误或切换到 STOP 模式。

(7) 时间错误中断 OB。

时间错误中断 OB 在检测到时间错误时执行。如果超出最大循环时间,时间错误中断 OB 将中断正常的循环程序执行。最大循环时间在 PLC 的属性中定义。OB 80 是唯一支持时间错误事件的 OB。可以组态没有 OB 80 时的动作:忽略错误或切换到 STOP 模式。

如表 9.6.2 所示的事件不触发 OB 启动。

表 9.6.2　不触发 OB 启动的事件

事件级别	事件	事件优先级	系统反应
插入/拔出	插入/拔出模块	21	STOP
访问错误	刷新过程映像的 I/O 访问错误	22	忽略
编程错误	块内的编程错误	23	STOP
I/O 访问错误	块内的 I/O 访问错误	24	STOP
超过最大循环时间的两倍	超过最大循环时间的两倍	27	STOP

(二) 构建用户程序的方法

1. 用户程序的设计方法

S7-1200 为设计程序提供三种方法。基于这些方法,可以选择最适合的应用程序设计方法。

(1) 线性编程。

按顺序逐条执行用于自动化任务的所有指令。通常,线性程序将所有程序指令都放入用于循环执行程序的 OB(OB 1)中,如图 9.6.2 所示。

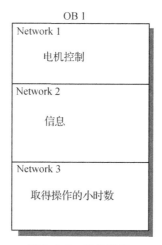

图 9.6.2　线性编程

（2）模块化编程。

模块化编程是调用可执行特定任务的特定代码块。要创建模块化结构,需要将复杂的自动化任务划分为与过程的工艺功能相对应的更小的次级任务。每个代码块都为每个次级任务提供程序段。通过从另一个块中调用其中一个代码块来构建程序。

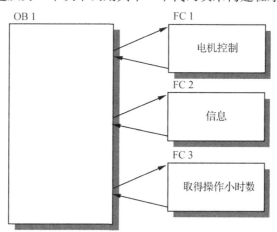

图 9.6.3　模块化编程

（3）结构化编程。

结构化编程是将过程要求类似或相关的任务归类,在功能(FC)或功能块(FB)中编程,形成通用解决方案。通过不同的参数调用相同的功能 FC 或通过不同的背景数据块调用相同的功能块 FB。其特点是结构化编程必须对系统功能进行合理分析、分解和综合,所以对设计人员的要求较高。另外,当使用结构化编程方法时,需要对数据进行管理,如图 9.6.4 所示。

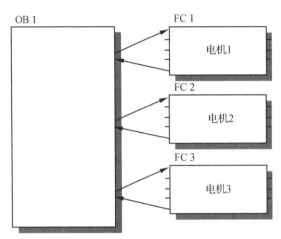

图 9.6.4　结构化编程

TIA Portal 软件将程序划分为组织块、功能块和功能三种形式。所以用户可以根据实际应用要求,选择线性化、模块化或者结构化方法用于创建用户程序。

S7-1200 编程采用块(BLOCK)的概念,即将程序分解为独立的、自成体系的各个部件,块类似子程序的功能,但类型更多、功能更强大。在工业控制中,程序往往是非常庞大和复杂的,采用块的概念便于大规模程序的设计和理解,可以设计标准化的块程序进行重复调用,程序结构清晰明了,修改方便,调试简单。采用块结构显著地增加了 PLC 程序的组织透明性、可理解性和易维护性。

2. 使用块来构建程序

通过设计 FB 和 FC 执行通用任务,可创建模块化代码块。然后可通过由其他代码块调用这些可重复使用的模块来构建程序。调用块将设备特定的参数传递给被调用块。

3. 组织块

组织块为程序提供结构。它们充当操作系统和用户程序之间的接口。OB 是由事件驱动的。事件(如诊断中断或时间间隔)会使 CPU 执行 OB。某些 OB 预定义了起始事件和行为。

程序循环 OB 包含用户主程序。用户程序中可包含多个程序循环 OB。RUN 模式期间,程序循环 OB 以最低优先级等级执行,可被其他各种类型的程序处理中断。启动 OB 不会中断程序循环 OB,因为 CPU 在进入 RUN 模式之前将先执行启动 OB。

完成程序循环 OB 的处理后,CPU 会立即重新执行程序循环 OB。该循环处理是用于可编程逻辑控制器的"正常"处理类型。对于许多应用来说,整个用户程序位于一个程序循环 OB 中。

可创建其他 OB 以执行特定的功能,如启动任务、用于处理中断和错误或用于以特定的时间间隔执行特定程序代码。这些 OB 会中断程序循环 OB 的执行。

使用"添加新块"(Add new block)对话框在用户程序中创建新的 OB。根据其相应的优先级等级,一个 OB 可中断另一个 OB。中断处理总是由事件驱动的。发生此类事件时,CPU 会中断用户程序的执行并调用已组态用于处理该事件的 OB。完成中断 OB 的执行后,CPU

会在中断点继续执行用户程序。

如前所述,CPU 根据分配给各个 OB 的优先级来确定中断事件的处理顺序。每个事件都具有一个特定的处理优先级。在某等级的 OB 内创建附加 OB 可为用户程序,甚至为程序循环和启动 OB 等级创建多个 OB。使用"添加新块"对话框创建 OB。输入 OB 的名称以及一个大于 200 的 OB 编号。

如果为用户程序创建了多个程序循环 OB,则 CPU 会按数字顺序从主程序循环 OB(默认为 OB 1)开始执行每个程序循环 OB。例如:当第一个程序循环 OB(OB 1)完成后,CPU 将执行第二个程序循环 OB(如 OB 200)。

4. 功能

功能通常是指用于对一组输入值执行特定运算的代码块。FC 将此运算结果存储在存储器位置。

使用 FC 可执行以下任务:
- 执行标准和可重复使用的运算,如数学计算。
- 执行工艺功能,如通过使用位逻辑运算进行单独控制。

FC 也可以在程序中的不同位置多次调用。此重复使用简化了对经常重复发生的任务的编程。

FC 不具有相关的背景数据块。对于用于计算该运算的临时数据,FC 采用了局部数据堆栈。不保存临时数据。要长期存储数据,可将输出值赋给全局存储器,如 M 存储器或全局 DB。

5. 功能块

功能块是使用背景数据块保存其参数和静态数据的代码块。FB 具有位于数据块或"背景"DB 中的变量存储器。背景 DB 提供与 FB 的实例(或调用)关联的一块存储区并在 FB 完成后存储数据。可将不同的背景 DB 与 FB 的不同调用进行关联。通过背景 DB 可使用一个通用 FB 控制多个设备。通过使一个代码块对 FB 和背景 DB 进行调用来构建程序,然后 CPU 执行该 FB 中的程序代码,并将块参数和静态局部数据存储在背景 DB 中。FB 执行完成后,CPU 会返回到调用该 FB 的代码块中。背景 DB 保留该 FB 实例的值。随后在同一扫描周期或其他扫描周期中调用该功能块时可使用这些值。

用户通常使用 FB 控制在一个扫描周期内未完成其运行的任务或设备的运行。要存储运行参数以便从一个扫描快速访问到下一个扫描,用户程序中的每一个 FB 都具有一个或多个背景 DB。调用 FB 时,也需要指定包含块参数以及用于该调用或 FB"实例"的静态局部数据的背景 DB。FB 完成执行后,背景 DB 将保留这些值。

通过设计用于通用控制任务的 FB,可对多个设备重复使用 FB,方法是:为 FB 的不同调用选择不同的背景 DB。

FB 将输入、输出和输入/输出参数存储在背景 DB 中。

如果没有给功能块的输入、输出或输入/输出参数赋值,将使用背景数据块中存储的值。某些情况下,必须分配参数。

可以给 FB 接口中的参数赋初值。这些值将传送到相关的背景 DB 中。如果未分配参数,将使用当前存储在背景 DB 中的值。

6. **数据块**

在用户程序中创建数据块以存储代码块的数据。用户程序中的所有程序块都可访问全局 DB 中的数据,而背景 DB 仅存储特定功能块的数据。可将 DB 定义为当前只读。

相关代码块执行完成后,DB 中存储的数据不会被删除。有以下两种类型的 DB:

- 全局 DB,存储程序中代码块的数据。任何 OB、FB 或 FC 都可访问全局 DB 中的数据。
- 背景 DB,存储特定 FB 的数据。背景 DB 中数据的结构反映了 FB 的参数(Input、Output 和 InOut)和静态数据。FB 的临时存储器不存储在背景 DB 中。

三、分析与总结

在 PLC 编程实践过程中,全面而准确地理解 PLC 的工作原理,深刻理解 S7-1200 PLC 的程序组织方式,对解决实际问题起着至关重要的作用。而且随着应用的深入,对该问题的理解和认知往往制约着 PLC 应用水平的提高。所以对 PLC 工作原理的理解需要按照"循序渐进"的思路逐步提升。此外,选择合适的设计方法,对于解决大规模应用问题过程中提高编程效率具有至关重要的意义。

四、思考与练习

(1) 简述 S7-1200 PLC 的工作过程与工作原理。
(2) 什么叫扫描周期?什么叫中断?
(3) 什么叫组织块?什么叫背景块?什么叫数据块?数据块与 M、I 和 Q 有什么区别?

子任务 7 S7-1200 PLC 的数据存储与数据类型

一、任务目标

(1) 理解 PLC 的数据存储与数据类型。
(2) 掌握 PLC 的变量的表达方式。

二、任务内容

(一) S7-1200 PLC 的数据存储

1. **存储区域**

CPU 提供了以下几个存储区域,用于在执行用户程序期间存储数据:

(1) 全局储存器。

CPU 提供了各种专用存储区,其中包括输入(I)、输出(Q)和位存储器(M)。所有代码块可以无限制地访问该储存器。

(2) 数据块。

可在用户程序中加入 DB 以存储代码块的数据。从相关代码块开始执行一直到结束,存储的数据始终存在。全局 DB 存储所有代码块均可使用的数据;背景 DB 存储特定 FB 的数据并且由 FB 的参数进行构造。

(3) 临时存储器。

只要调用代码块,CPU 的操作系统就会分配要在执行块期间使用的临时或本地存储器(L)。代码块执行完成后,CPU 将重新分配本地存储器,以用于执行其他代码块。

每个存储单元都有唯一的地址。用户程序利用这些地址访问存储单元中的信息。

2. CPU 存储区中数据的访问

(1) I(过程映像输入)。

CPU 仅在每个扫描周期的循环 OB 执行之前对外围(物理)输入点进行采样,并将这些值写入过程映像输入。可以按位、字节、字或双字访问过程映像输入。允许对过程映像输入进行读写访问,但过程映像输入通常为只读。

【例 1】 I0.1、IB4、IW5 或 ID12。

通过在地址后面添加":P",可以立即读取 CPU、SB 或 SM 的数字和模拟输入。使用 I_:P 访问不会影响存储在过程映像输入中的相应值。

【例 2】 I0.1:P、IB4:P、IW5:P 或 ID12:P。

(2) Q(过程映像输出)。

CPU 将存储在输出过程映像中的值复制到物理输出点。可以按位、字节、字或双字访问输出过程映像。过程映像输出允许读访问和写访问。

【例 3】 Q1.1、QB5、QW10、QD40。

通过在地址后面添加":P",可以立即写入 CPU、SB 或 SM 的物理数字和模拟输出。这种 Q_:P 访问有时称为"立即写"访问,因为数据是被直接发送到目标点;而目标点不必等待输出过程映像的下一次更新。

因为物理输出点直接控制与其连接的现场设备,所以不允许对这些点进行读访问。与可读或可写的 Q 访问不同的是,Q_:P 访问为只写访问。使用 Q_:P 访问既影响物理输出,也影响存储在输出过程映像中的相应值。

【例 4】 Q1.1:P、QB5:P、QW10:P 或 QD40:P。

(3) M(位存储区)。

针对控制继电器及数据的位存储区(M 存储器)用于存储操作的中间状态或其他控制信息。可以按位、字节、字或双字访问位存储区。M 存储器允许读访问和写访问。

【例 5】 M26.7、MB20、MW30、MD50。

(4) 临时(临时存储器)。

CPU根据需要分配临时存储器。CPU在代码块启动(对于OB)或被调用(对于FC或FB)时为其分配临时存储器。为代码块分配临时存储器时,可能会重复使用其他OB、FC或FB先前使用的相同临时存储单元。CPU在分配临时存储器时不会对其进行初始化,因而临时存储器可能包含任何值。

临时存储器与M存储器类似,但有一个主要的区别:M存储器在"全局"范围内有效,而临时存储器在"局部"范围内有效。

- M存储器:任何OB、FC或FB都可以访问M存储器中的数据,也就是说,这些数据可以全局性地用于用户程序中的所有元素。
- 临时存储器:只有创建或声明了临时存储单元的OB、FC或FB,才可以访问临时存储器中的数据。临时存储单元是局部有效的,并且不会被其他代码块共享,即使在代码块调用其他代码块时也是如此。例如:当OB调用FC时,FC无法访问对其进行调用的OB的临时存储器。

CPU为三个OB优先级组中的每一个都提供了临时(本地)存储器:

- 16 KB用于启动和程序循环(包括相关的FB和FC)。
- 4 KB用于标准中断事件(包括FB和FC)。
- 4 KB用于错误中断事件(包括FB和FC),只能通过符号寻址的方式访问临时存储器。

(5) DB存储器。

DB存储器用于存储各种类型的数据,其中包括操作的中间状态或FB的其他控制信息参数,以及许多指令(如定时器和计数器)所需的数据结构。可以指定数据块为读/写访问还是只读访问。可以按位、字节、字或双字访问数据块存储器。读/写数据块允许读访问和写访问。只读数据块只允许读访问。

【例6】 DB1.DBX2.3、DB1.DBB4、DB10.DBW2、DB20.DBD8。

(6) 总结。

存储区的功能见表9.7.1。

表9.7.1 存储区的功能

存储区	说明	强制	保持性
I 过程映像输入	在扫描周期开始时从物理输入复制	否	否
I_:P(物理输入)	立即读取CPU、SB和SM上的物理输入点	是	否
Q 过程映像输出	在扫描周期开始时复制到物理输出	无	否
Q_:P(物理输出)	立即写入CPU、SB和SM上的物理输出点	是	否
M 位存储器	控制和数据存储器	否	是
L 临时存储器	存储块的临时数据,这些数据仅在该块的本地范围内有效	否	否
DB 存储器	数据存储器,同时也是FB的参数存储器	否	是

【注意】 (1)位、字节、字、双字具有组合关系。按照"高位低字节"的方式进行存储。

如果将 16#12 送入 MB200,将 16#34 送入 MB201,则 MW200 = 16#1234。

(2) M200.2、MB200、MW200 和 MD200 等地址有重叠现象,在使用时一定要注意,以免产生错误。

(二)数据类型

数据类型用于指定数据元素的大小及如何解释数据。每个指令参数至少支持一种数据类型,而有些参数支持多种数据类型。将光标停在指令的参数域上方,便可看到给定参数所支持的数据类型。

1. 基本数据类型

表 9.7.2 定义了基本数据类型。

表 9.7.2 基本数据类型

变量类型	符号	位数	取值范围	常数举例
位	Bool	1	1、0	TRUE、FALSE 或 1、0
字节	Byte	8	16#00 ~ 16#FF	16#12、16#AB
字	Word	16	16#0000 ~ 16#FFFF	16#ABCD、16#0001
双字	DWord	32	16#00000000 ~ 16#FFFFFFFF	16#02468ACE
字符	Char	8	16#00 ~ 16#FF	'A'、't'、'@'
有符号字节	SInt	8	$-128 \sim 127$	123、-123
整数	Int	16	$-32\ 768 \sim 32\ 767$	123、-123
双整数	Dint	32	$-2\ 147\ 483\ 648 \sim 2\ 147\ 483\ 647$	123、-123
无符号字节	USInt	8	$0 \sim 255$	123
无符号整数	UInt	16	$0 \sim 65\ 535$	123
无符号双整数	UDInt	32	$0 \sim 4\ 294\ 967\ 295$	123
浮点数(实数)	Real	32	$\pm 1.175\ 495 \times 10^{-38} \sim \pm 3.402\ 823 \times 10^{38}$	12.45、-3.4、$-1.2E+3$
双精度浮点数	LReal	64	$\pm 2.2\ 250\ 738\ 585\ 072\ 020 \times 10^{-308} \sim \pm 1.7\ 976\ 931\ 348\ 623\ 157 \times 10^{308}$	12 345.12 345 -1、2E+40
时间	Time	321	T# $-24d20h31m23s648ms \sim$ T#24d20h31m23s648ms	T#1d_2h_15m_30s_45ms

2. BCD 格式

BCD 数字格式不能用作数据类型,但它受转换指令支持,见表 9.7.3。

表 9.7.3 BCD 数字格式

格式	大小(位)	数字范围	常量输入实例
BCD16	16	-999 到 999	123、-123
BCD32	32	$-9\ 999\ 999$ 到 $9\ 999\ 999$	1 234 567、$-1\ 234\ 567$

3. 实数格式

实数(Real)以 32 位单精度浮点数(Real)或 64 位双精度浮点数(LReal)表示。单精度浮点数的精度最高为 6 位有效数字,而双精度浮点数的精度最高为 17 位有效数字。在输入浮点常数时,最多可以指定6位(Real)或17位(LReal)有效数字来保持精度。

4. 字符串

CPU支持使用STRING数据类型存储一串单字节字符。STRING数据类型包含总字符数(字符串中的字符数)和当前字符数。STRING类型提供了多达256字节,用于存储最大总字符数(1字节)、当前字符数(1字节)以及最多254个字符(每个字符占1字节)。

5. 数组

可以创建包含多个基本类型元素的数组。数组可以在OB、FC、FB和DB的块接口编辑器中创建。无法在PLC变量编辑器中创建数组。

要在块接口编辑器中创建数组,请选择数据类型"Array[lo..hi] of type",然后编辑"lo"、"hi"和"type",具体如下:

- lo:数组的起始(最低)下标;
- hi:数组的结束(最高)下标;
- type:基本数据类型之一,例如BOOL、SINT、UDINT。

【例7】 数组的信息见表9.7.4。

表9.7.4 数组的信息

名称	数据类型	注释
My_Bits	Array[1..10] of BOOL	该数组包含10个布尔值
My_Data	Array[-5..5] of SINT	该数组包含11个SINT值,其中包括下标0

可使用以下语法在程序中引用数组元素:

- Array_name[i],其中,i为所需下标。

以下实例可能会作为参数输入出现在程序编辑器中:

- #My_Bits[3]:引用数组"My_Bits"的第三位;
- #My_Data[-2]:引用数组"My_Data"的第四个SINT。

注:"#"符号由程序编辑器自动插入。

6. DTL(长格式日期和时间)数据类型

DTL数据类型是一种12个字节的结构,以预定义的结构保存日期和时间信息。可以在块的临时存储器中或者在DB中定义DTL。

三、分析与总结

在实践过程中,PLC变量是各种指令操作的对象,在程序中起着至关重要的作用。随着应用的深入,全面而正确地理解PLC中各个变量在CPU中如何存储、在执行过程中生命周期的长短等问题都是至关重要的问题,所以在编程过程中一定要特别留意。

四、思考与练习

(1) S7-1200 PLC的数据存储区域有哪些?分别是什么?在应用过程中有什么区别?

(2) 什么叫数据类型?

（3）想一想，在 CPU 内部数据都是以二进制方式存储的，为什么还要区分数据类型？

子任务 8　S7-1200 PLC 与 MCGS 触摸屏通信

一、任务目标

（1）理解 PLC 与触摸屏之间的关系。
（2）掌握触摸屏编程的方法与测试方法。

二、任务内容

本任务通过介绍一个简单 PLC 监控界面来进行动画组态，介绍 MCGS 组态软件的基本使用。具体实施步骤如下。

1. 建立工程

双击 MCGS 组态环境快捷方式，打开 MCGS 组态软件，单击"新建"，新建一个工程，如图 9.8.1 所示。

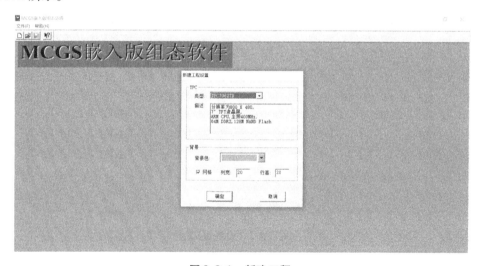

图 9.8.1　新建工程

旋转触摸屏的类型，本系统采用 TPC7062TD。选择 TPC7062TD，单击"确定"按钮，出现如图 9.8.2 所示的新建工程应用系统界面。

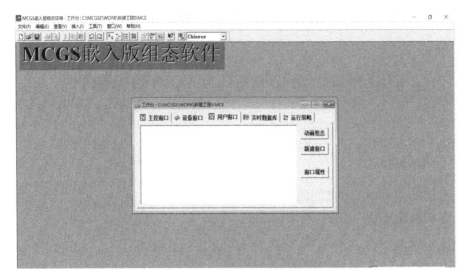

图 9.8.2 新建工程应用系统界面

2. PLC 通信设置

选择"设备窗口",在设备窗口中双击"设备窗口",出现如图 9.8.3 所示界面。

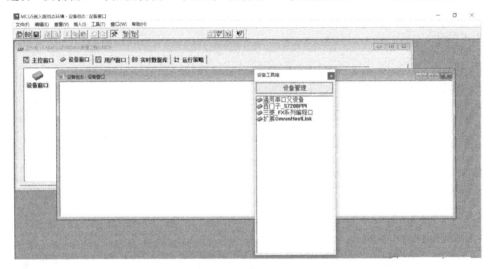

图 9.8.3 设备窗口

单击"设备管理",双击添加"Siemens_1200",如图 9.8.4 所示。

任务9　S7-1200 PLC 编程与应用　　137

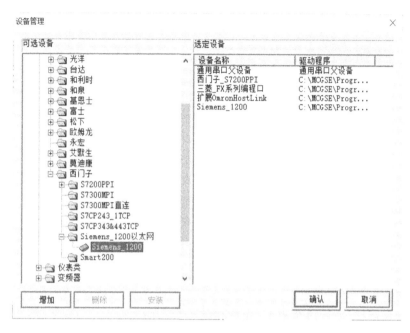

图 9.8.4　添加设备

单击"确定"按钮,回到设备窗口界面,在设备管理中双击刚才添加的"Siemens_1200"到设备窗口中,如图 9.8.5 所示。

图 9.8.5　添加设备

右击"Siemens_1200",在属性中设置通信参数,本地 IP 地址设为屏的 IP 地址(192.168.1.8),远端 IP 地址设为 PLC 的 IP 地址(192.168.1.9),界面如图 9.8.6 所示。

图 9.8.6　设置以太网的通信参数

3. 组态画面

设置完成后确认,保存设备组态,回到新建工程应用系统界面,选择"设备窗口",单击"新建窗口"按钮,新建一个设备窗口,如图 9.8.7 所示。

图 9.8.7　新建设备窗口

选中新建的"窗口0",单击"窗口属性"按钮,在弹出的对话框中设置其属性,如图 9.8.8 所示。

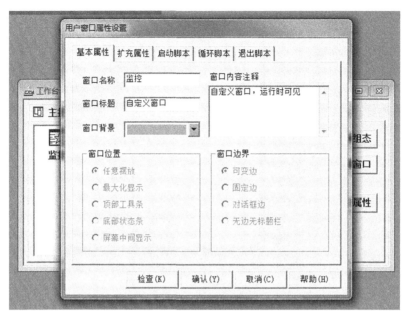

图9.8.8 设置窗口属性

双击"监控",进入动画组态窗口,如图9.8.9所示。

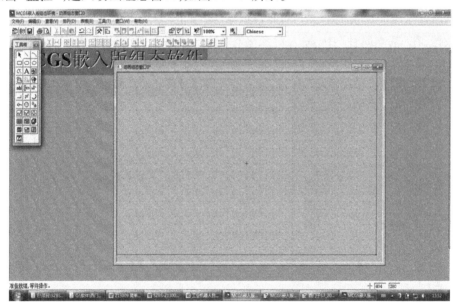

图9.8.9 动画组态窗口

在"工具箱"中单击"标签",在组态窗口中画一个方框,双击该方框,在属性设置的扩展属性中输入文本内容,也可以改变文字的对齐方式,如图9.8.10所示。

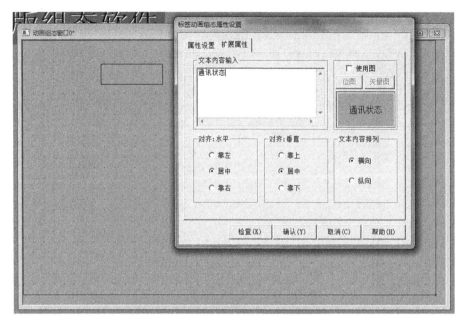

图 9.8.10　标签动画组态属性设置

4. 建立变量

回到新建工具应用系统中,在"实时数据库"下单击"新增对象",新增一个数据,双击该新增的数据,在"基本属性"中,输入对象名称"通讯状态",设置对象类型为"开关"型,如图 9.8.11 所示。

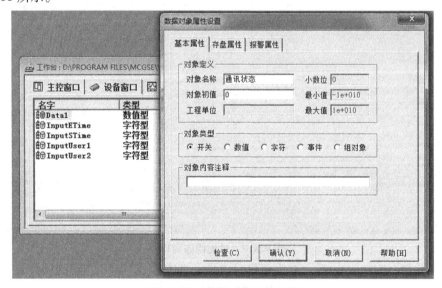

图 9.8.11　数据对象属性设置

5. 关联 PLC 变量

回到动画组态窗口,在"工具箱"中单击"输入框",在动画组态窗口中画一个输入框,双击该输入框,在"操作属性"中,单击"对应数据对象的名称"后边的问号按钮,在下拉列表中选择对应的数据"通讯状态",如图 9.8.12 所示。

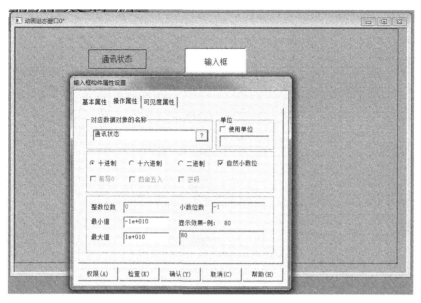

图 9.8.12　输入框动画组态

在"工具箱"中单击"标准按钮",在动画组态窗口中画出一个按钮,双击该按钮,在"基本属性"中输入文本内容为 M0.0,在"操作属性"中选择"数据对象值操作"复选框,如图 9.8.13 所示。

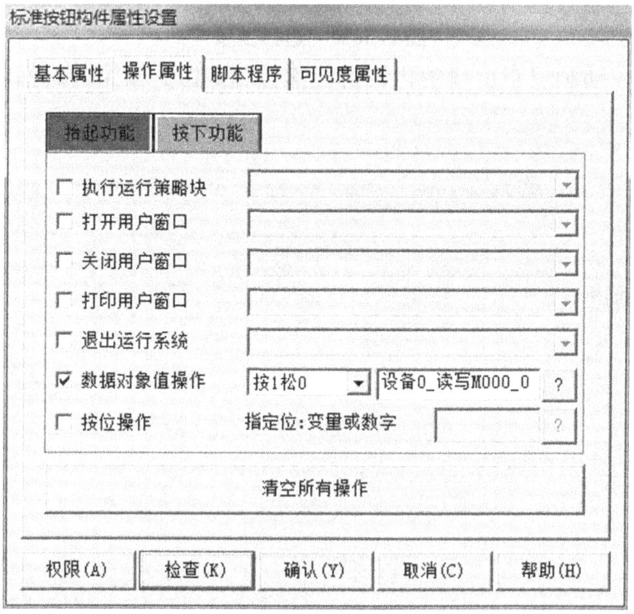

图 9.8.13　设置标准按钮构件属性

单击"数据对象值操作"后边的问号按钮,出现"变量选择",选择"根据采集信息生成"单选按钮,选择需要的"通道类型"为"M 内部继电器","通道地址"为"0","数据类型"为"通道的第 00 位"等,设置完成后单击"确认"按钮,如图 9.8.14 所示。

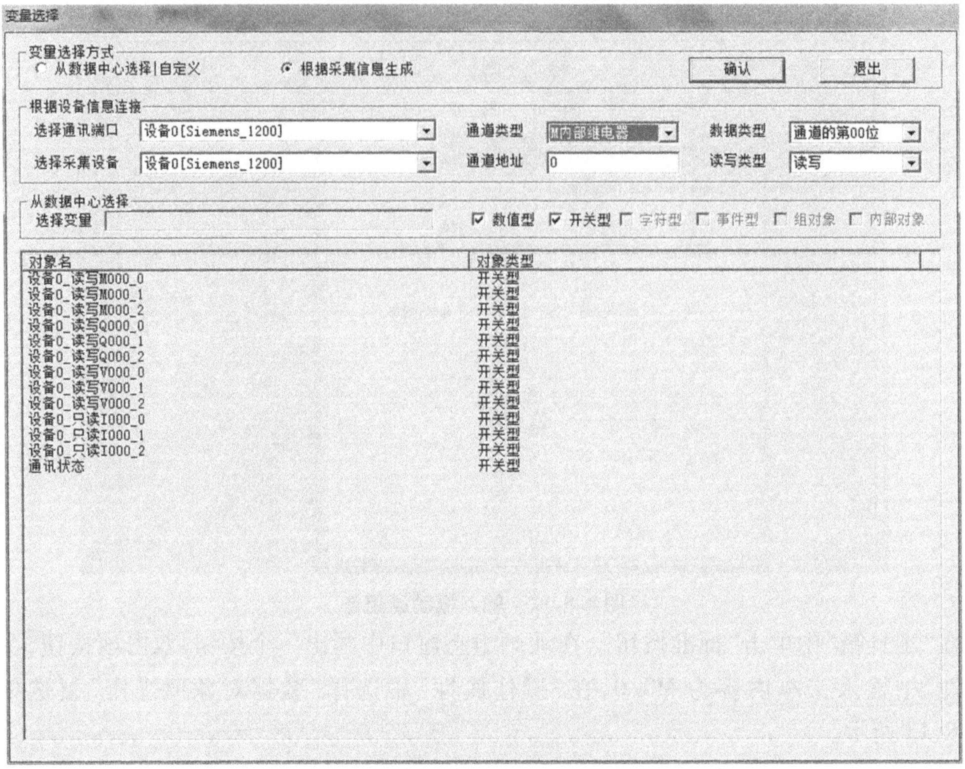

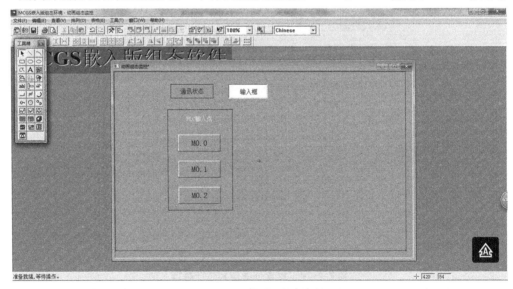

图 9.8.14 选择变量

用同样的方法在动画组态窗口中再设置标准按钮 M0.1 和 M0.2，如图 9.8.15 所示。

图 9.8.15 设置动画组态三个标准按钮

单击"标签"，在组态动画窗口中组态 Q0.0 的标签动画，在"属性设置"中选择"输出颜色"，"扩展属性"中输入"Q0.0，"，"填充颜色"中定义变量为"设备 0_读写 Q000_0"，如图 9.8.16 所示。

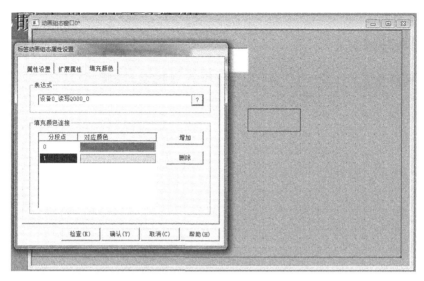

图 9.8.16　设置标签动画组态属性

用同样的方法再组态两个标签 Q0.1 和 Q0.2,完成动画组态,如图 9.8.17 所示。

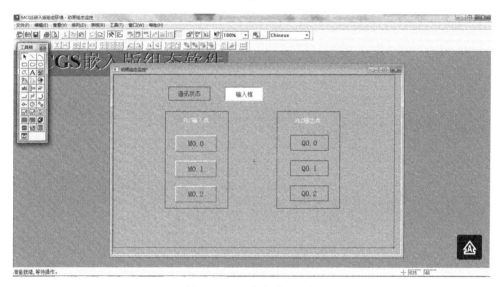

图 9.8.17　完成动画组态

保存动画组态,单击组态检查按钮，检查组态中是否有错误。

6. 下载并测试

下载触摸屏程序,将 Q0.0、Q0.1 和 Q0.2 端口的连接线插头拔掉,分别单击触摸屏 Q0.0、Q0.1 和 Q0.2 按钮,查看 PLC 上对应端口指示灯是否点亮。

三、分析与总结

在触摸屏与 PLC 应用过程中,如何完成触摸屏与 PLC 的通信是其中关键的一步。此外,正确理解触摸屏变量与 PLC 变量之间的关系也是应用过程中的重要命题。

四、思考与练习

MCGS 触摸屏与 S7-1200 PLC 通信应用过程中,关键要点有哪些?

任务 10　旋转编码器的接线与应用

总体目标

- 了解系统中旋转编码器的作用、结构、原理以及电气接口。
- 能进行旋转编码器的安装与调试。
- 了解旋转编码器如何与 PLC 进行电气连接。
- 能应用旋转编码器进行定位编程应用。

子任务 1　旋转编码器的认知

一、任务目标

（1）了解系统中旋转编码器的作用、结构、原理及电气接口。
（2）能进行旋转编码器的安装与调试。

二、任务内容

1. 结构与工作原理

旋转编码器是通过光电转换，将输出至轴上的机械、几何位移量转换成脉冲或数字信号的传感器，主要用于速度或位置（角度）的检测。典型的旋转编码器由光栅盘和光电检测装置组成。如图10.1.1所示，光电旋转编码器的主要结构是一个圆盘，圆周上有相等的透光和不透光辐射状窄缝，另有两组静止不动的扇形窄缝，相互错开1/4节距。码盘基片随轴一起转动，在光源的照射下光线通过这两个做相对运动的窄缝时，光敏元件会受到忽明忽暗的照射，再把明暗相间的光信号转换成电信号，信号经过整形、放大等处理后输出。

根据旋转编码器产生脉冲的方式的不同，可以分为增量式、绝对式以及复合式三大类。自动线上常采用的是增量式旋转编码器。

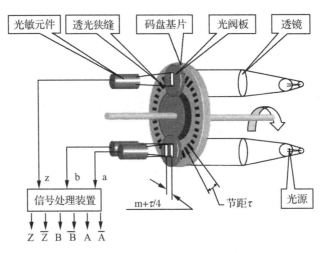

图 10.1.1 光电盘编码器的结构

增量式旋转编码器是直接利用光电转换原理输出三组方波脉冲 A、B 和 Z 相,如图 10.1.2 所示。A、B 两组脉冲相位差 90°,用于辨向,当 A 相脉冲超前 B 相时为正转方向,当 B 相脉冲超前 A 相时则为反转方向。Z 相为每转一个脉冲,用于基准点定位。Z 为零位脉冲信号,码盘转一周发出一个零位脉冲。将编码器每转 360°,提供多少个明或者暗刻线,称为分辨率或者解析分度。

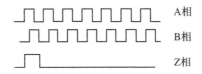

图 10.1.2 三相脉冲输出

增量式旋转编码器的信号输出形式有:集电极开路输出、电压输出、线驱动输出、互补型输出和推挽式输出。集电极开路输出方式通过使用编码器输出侧的 NPN 晶体管,将晶体管的发射极引出端子连接至 0 V,断开集电极与 Vcc 的端子并把集电极作为输出端,如图 10.1.3 所示。

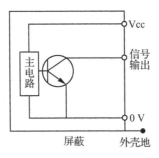

图 10.1.3 集电极开路输出方式

本系统中旋转编码器的三相脉冲采用长线驱动 7272 方式,每转脉冲数为 512,工作电源为 DC 12~24 V。本工作单元没有使用 Z 相脉冲,A、B 两相输出端直接连接到 PLC 的高速计数器输入端。

2. 编码器位置测量原理

计算工件在传送带上的位置时,需确定每两个脉冲之间的距离,即脉冲当量。假设模块滚动轮的直径为 $d=43$ mm,则减速电机每旋转一周,板链上工件移动距离 $L=\pi \cdot d \approx 3.14 \times 43 = 135.02$(mm)。故脉冲当量 $\mu = L/500 \approx 0.270$(mm),物料移动 350 mm 约发出 1 296 个脉冲。

3. 编码器技术参数

K38 系列编码器的技术规格如图 10.1.4 所示。

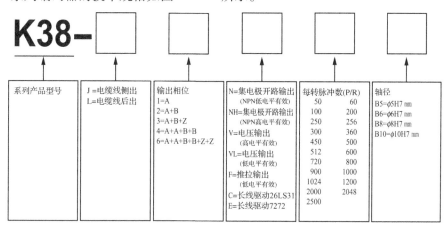

图 10.1.4　K38 系列编码器的技术规格

三、分析与总结

设备中所用到的编码器是光电旋转编码器,可以通过向外部输出脉冲的方式进行计数和机械定位。

四、思考与练习

(1) 旋转编码器的结构是怎样的?
(2) 旋转编码器是怎样确定方向、速度和位置的?
(3) 系统采用 K38 – J6E512B8C2 – 24 V,请描述该编码器各项技术参数的含义。
(4) 请计算工件在板链上移动 100 mm 所发出的脉冲个数。

子任务 2　旋转编码器应用与 PLC 编程

一、任务目标

(1) 能进行旋转编码器的安装与调试。

(2) 了解旋转编码器如何与 PLC 进行电气连接。

(3) 能应用旋转编码器定位编程应用。

二、任务内容

1. 旋转编码器与 PLC 接线

系统采用 K38 - J6E512B8C2 - 24 V 编码器,供电电压为 24 V,输出方式为长线驱动 7272。所以与 PLC 之间的接线如表 10.2.1,具体请参照相关说明书。

表 10.2.1　编码器接线方法

编码器线号	功能	PLC 端
红(2)	DC 24V	L+
黑(3)	DC 0V	M
白(4)	A 相	I0.0
绿(5)	B 相	I0.1

2. 配置 HSC 高速计数器

(1) 如图 10.2.1 所示,打开博图软件,组态 CPU 完成后,单击"常规"选项卡,在"常规"下勾选"启用该高速计数器"复选框。

(2) 在"功能"下,"计数类型"选择"计数","工作模式"选择"A/B 计数器","初始计数方向"选择"加计数"。

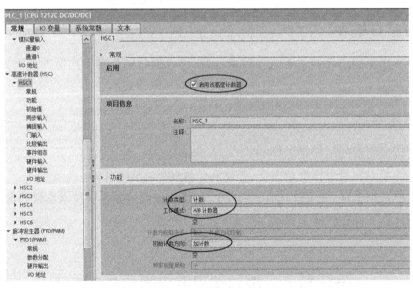

图 10.2.1　HSC 高速计数器配置(a)

(3) 如图 10.2.2 所示,在"硬件输入"下,"时钟发生器 A 的输入"和"时钟发生器 B 的输入"分别选择"I0.0""I0.1"。在"I/O 地址"下,"输入地址"中"起始地址"默认为"1000"。

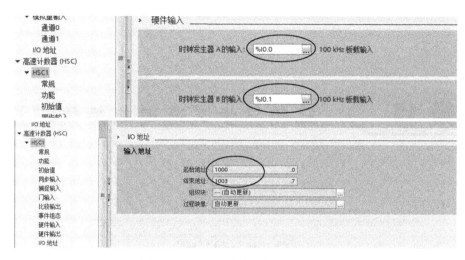

图 10.2.2　HSC 高速计数器配置（b）

（4）如图 10.2.3 所示，在监视画面中输入"%ID1000"，监控测试结果。如果没有检测结果，有可能是因为 PLC 输入通道滤波功能，编码器的脉冲频率恰好在被过滤掉的滤波范围内。建议在"常规"下的"量输入"中修改"通道 0"和"通道 1"的"输入滤波器参数"。

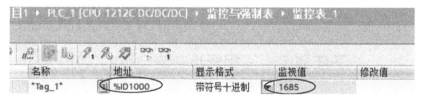

图 10.2.3　监视结果

三、分析与总结

PLC 有专门的高速计数器端口来处理编码器的计数信号，需要将硬件接线和 HSC 配置结合起来。

四、思考与练习

（1）怎样进行旋转编码器与 PLC 的接线？
（2）旋转编码器链接到不同的端口对 PLC 编程有何影响？
（3）怎样将高速计数器的初始计数方向设置成减计数？
（4）如何配置 HSC 高速计数器参数？

任务11　三相异步交流电机接线与控制

总体目标

- 了解三相异步交流电机及其变频器的工作原理。
- 掌握通过变频器对电机进行速度、转向控制的原理。
- 掌握PLC通过变频器控制电机的方法。

子任务1　三相异步交流电机的认知

一、任务目标

（1）了解三相异步交流电机及其变频器的工作原理。
（2）掌握通过变频器对三相异步交流电机进行调速的原理。

二、任务内容

三相异步交流电机主要用作拖动各种生产机械。它的结构简单，制造、使用和维护方便，运行可靠，成本低，效率高，从而得以广泛应用。但是它的功率因数低，启动和调速性能差。

1. 结构

三相异步交流电机的结构部分由定子、转子和气隙三大部分。定子部分包括铁心、铁心绕组和机座；转子部分包括转子铁心和转子绕组；三相异步交流电机的气隙是均匀的，大小为机械条件所能允许达到的最小值。图11.1.1是一台三相鼠笼型异步电机的拆分图。

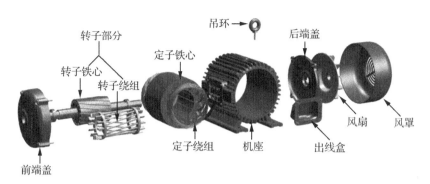

图 11.1.1　三相鼠笼型异步电机的拆分图

2. 工作原理

三相异步交流电机的转动原理:如图 11.1.2 所示,当三相对称绕组通往三相对称电流时产生圆形旋转磁场(为分析方便,先假设旋转磁场的方向为逆时针);旋转磁场切割转子导体感应电动势和电流(感应电动势 e 的方向通过右手定则确定);转子载流(有功分量电流)体在磁场作用下受电磁力(电磁力 f 的方向通过左手定则确定)作用,形成电磁转矩,驱动电机旋转,将电能转化为机械能。

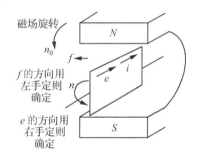

图 11.1.2　三相异步交流电机的转动原理

3. 旋转磁场的产生机理

异步电机工作要有个旋转磁场,对磁场的要求是:磁场的极性不变、大小不变、转速不变。理论与实践证明:三相对称绕组中通入三相对称电流后,空间能产生一个旋转磁场,且极性、大小、转速均不变。其中三相对称电流是指 A、B、C 三相电流大小、频率相等,相位上相差 120°;三相对称绕组是指 A、B、C 三相绕组匝数相等,空间上互差 120°。

三相对称绕组在定子中安放有一定的规律,三相定子绕组头尾标志为 A – X、B – Y、C – Z,空间互差 120°,三相绕组分别对应三相对称电流:

$$i_A = I_m\cos\omega t, i_B = I_m\cos(\omega t - 120°), i_C = I_m\cos(\omega t - 240°)$$

如图 11.1.3 所示,三相电流变化 A、B、C 三相是随 t 变化的,A、B、C 交替出现最大值,称之为正序。电流为正值时,从每相线圈的首端(A、B、C)流出,由线圈末端(X、Y、Z)流入;电流为负值时,从每相线圈的末端流出,由线圈首端流入。符号 ⊙ 表示电流流出,⊗ 表示电流流入。当 ωt 分别为 0°、120°、240°和 360°时,形成的电磁场分别如图 11.1.3(a)、(b)、(c)和(d)所示。

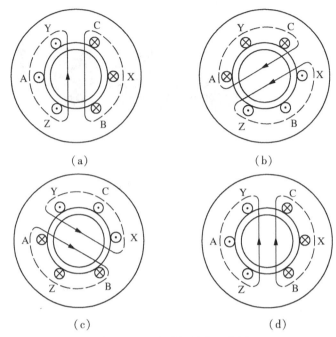

图 11.1.3 电磁场分布示意图

可见一个电流周期,旋转磁场在空间转过 360°,如果电流频率为 f,则磁场 $1/f$ 秒旋转 1 圈,每秒旋转 f 圈,磁场每分钟旋转 $n_0 = 60f$(转/分)。并且旋转磁场的旋转方向取决于三相电流的相序,可以通过换接其中任意两相来改变电机的旋转方向。

如果将每相绕组分成两段,按图 11.1.4 放入定子槽内,那么形成的磁场则是两对磁极,电流变化一个周期,磁场在空间旋转半周,即 180° 的机械角度;而对应的角度仍为 360°。可见,磁极对数加倍,对于同样的电角度,磁场在空间上的机械角度减半。

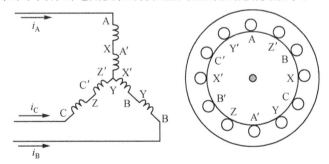

图 11.1.4 磁极对数加倍

以此类推,旋转磁场转速 n_0 与频率 f 和磁极对数 p 有关,即

$$n_0 = 60 \frac{f}{p}$$

转差率 s 为旋转磁场的同步转速 n_0 和电机实际转速 n 之差与 n_0 的百分比,即

$$s(\%) = \frac{n_0 - n}{n_0} \times 100\%$$

额定运行时,转差率 s 一般在 1%~6% 之间,即电机转速接近同步转速。

电机的实际转速 n 为

$$n = (1-s)n_0 = \frac{60(1-s)f}{p}$$

三相异步交流电机调速的方法从原理上来讲可以有三种途径:改变输入频率 f;改变转差率 s;改变磁极对数 p。其中,变频器就是通过改变电机输入电源的频率来实现调速的。而改变三相异步交流电机的转向仅需要改变三相中的任意两相。

4. 铭牌参数

一般的三相异步交流电机,其铭牌数据标明该电机的额定值:

- 额定电压:$U_N(\text{V})$,额定运行时,规定加在定子绕组上的线电压;
- 额定电流:$I_N(\text{A})$,额定运行时,规定加在定子绕组上的线电流;
- 额定功率:$P_N(\text{kW})$,额定运行时,电机的输出功率;
- 额定转速:$n_N(\text{r/min})$,额定运行时,电机的转子转速;
- 额定频率:$f_N(\text{Hz})$,规定的电源频率(50 Hz);
- 额定效率 η,额定功率因数:$\cos\Phi$、N 等。

图 11.1.5　变频电机

5. 减速电机

系统所用的电机是一个小型变频减速电机,如图 11.1.5 所示,其铭牌参见表 11.1.1。

表 11.1.1　铭牌参数

电机型号	额定电压	额定功率	额定电流	额定频率	额定转速
80YS25GY22X	220 V	25 W	0.22/0.19 A	50/60 Hz	1 300/1 600 r/min

三、分析与总结

交流电机通过连续旋转的旋转磁场实现转子的连续旋转,转子转速与同步磁场一致的叫同步电机,不一致的叫异步电机。

四、思考与练习

(1) 旋转磁场是怎样出现的?
(2) 怎样进行交流电机的调速?有哪些方法?

子任务 2　变频器的认知

一、任务目标

(1) 了解变频器的工作原理及接线方法。

(2)掌握通过变频器对电机进行速度、转向控制的方法。

(3)掌握变频器参数设置的方法。

二、任务内容

变频器是应用变频技术制造的一种静止的频率变换器,其功用是利用半导体器件的通断作用将频率固定(通常为工频 50 Hz)的交流电(三相或单相)变换成频率连续可调的交流电。本系统变频器采用台达 VFD007EL21A 变频器,该变频器输入电压为单相 220 V,最大输出功率为 0.75 kW。

1. 外部接线

(1)端子接线图。

变频器与外部电路的接线如图 11.2.1 所示。

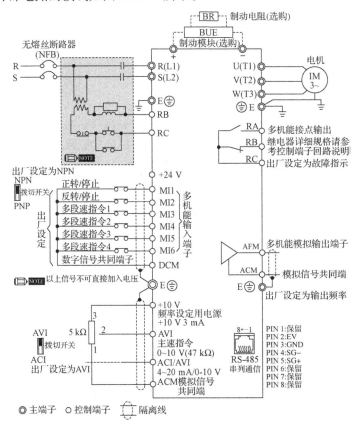

图 11.2.1 变频器与外部电路的接线

(2)端子说明。

图 11.2.1 中各个端子的功能见表 11.2.1 和表 11.2.2。

表 11.2.1　主回路端子

端子	功能说明
R(L1)、S(L2)	单相电源输入端
U(T1)、V(T2)、W(T3)	交流电机驱动器输出,连接三相感应电机

表 11.2.2　控制回路端子(部分)

端子	功能说明(NPN)	具体说明
MI1	正转运转-停止指令	MI1-DCM 导通(ON)表示正转运转;断路(OFF)表示减速停止
MI2	反转运转-停止指令	MI2-DCM 导通(ON)表示反转运转;断路(OFF)表示减速停止
MI3	多功能输入选择三	MI3~MI6,功能选择可参考参数 04.05~04.08 多功能输入选择;导通时(ON),动作电流为 5.5 mA;断路时(OFF),容许漏电流为 10 μA
MI4	多功能输入选择四	
MI5	多功能输入选择五	
MI6	多功能输入选择六	
+24 V	数字控制信号的共同端(Source)	+24 V 20 mA
DCM	数字控制信号的共同端(Sink)	多功能输入端子的共同端子

2. 操作

变频器的操作面板如图 11.2.2 所示。

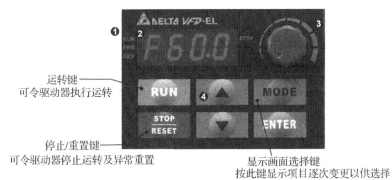

图 11.2.2　变频器操作面板

变频器各部分的功能说明见表 11.2.3。

表 11.2.3　各部分功能

编号	功能说明	具体说明
1	状态显示区	分别可显示驱动器的运转状态运转,如停止、寸动、正转、反转等
2	主显示区	可显示频率、电流、电压、转向、使用者定义单位、异常等
3	频率设定旋钮	可设定此旋钮为主频率输入
4	数值变更键	设定值及参数变更使用

3. 参数设定方法

(1) 画面选择:

(2) 参数设定:

(3) 资料修改:

(4) 转向设定:

4. 试运转

该变频器可以通过数字面板做试运转,方式如下:

(1) 开启电源后,确认操作器上 LED 显示频率 F 60.0 Hz。

(2) 按键设定 5 Hz 左右的低频率。

(3) 若要从正转换成反转:持续按【MODE】键寻找到 FWD,再按上键或下键找到 REV 后,即算完成切换。

(4) 检查电机旋转方向是否正确,符合需求。

【注意】 为了避免出现危险或损坏设备,在试运转之前需要先将电机输出轴的联轴器拆下,断开电机与机械设备的连接。

5. 参数设置

根据电机铭牌参数及供电电压参数设置变频器相关参数,见表 11.2.4。

表 11.2.4 变频器相关参数

序号	参数	参数功能	参数值	说明
1	01.00	最高操作频率设定	50	最高操作频率设定为 50 Hz
2	01.02	电机额定电压设定	220	电机额定电压设定为 220 V
3	01.09	第一加速时间设定	0.5	加速时间设定为 0.5 s
4	01.10	第一减速时间设定	0.5	减速时间设定为 0.5 s
5	02.00	第一频率指令来源设定	0	由数字操作器输入
6	02.01	运转指令来源设定	1	由外部端子操作键盘【STOP】键有效

续表

序号	参数	参数功能	参数值	说明
7	02.02	电机停车方式选择	0	以减速刹车方式停止,EF自由运转停止
8	02.04	电机运转方向设定	0	电机运转方向可反转
9	02.07	外部端子频率递增/递减模式选择	0	依键盘【UP】/【DOWN】键
10	02.11	键盘频率命令	50	50 Hz
11	04.04	二/三线式选择	0	二线式（1） MI1、MI2
12	04.05	多功能输入指令三（MI3）	1	多段速一
13	05.00	第一段速频率设定	30	运转频率设定为 30 Hz

三、分析与总结

变频器通过改变供给电机电源的频率来改变电机的转速。

四、思考与练习

（1）怎样进行变频器接线？
（2）怎样设置变频器参数？
（3）按照表11.2.4的要求设置变频器参数。

子任务 3　用 PLC 控制变频器和交流电机

一、任务目标

（1）熟练掌握变频器与电机和 PLC 接线。
（2）掌握通过 PLC 变频器对电机进行速度、转向控制的方法。
（3）掌握变频器参数设置的方法。

二、任务内容

1. 控制要求

（1）连接 PLC 和变频器,变频器和交流电机,要求能进行正反转控制。
（2）按钮 SEN14、SEN12 分别作为交流电机的停止、正转和反转信号的输入按钮。

2. 变频器接线

按照图 11.3.1 所示连接线路。

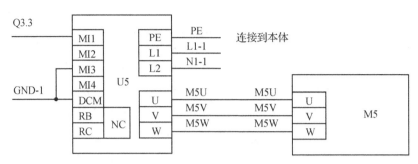

图 11.3.1 变频器接线图

3. 调试程序

编写简单的 PLC 程序,通过 PLC 的 Q3.3 端口控制变频器,即可控制电机的启动和停止。

三、分析与总结

变频器通过改变供给电机电源的相序的方式来改变电机的转速。

四、思考与练习

(1) 怎样将变频器与 PLC 进行接线?
(2) 怎样设置变频器参数?

任务 12　步进电机接线与控制

总体目标

➢ 了解步进电机及其驱动器的结构、工作原理、性能参数、常用术语。
➢ 掌握通过驱动器对电机进行速度、转向控制的方法。
➢ 掌握 PLC 通过驱动器控制步进电机的方法。

子任务 1　步进电机的认知

* * * * * * * * * * * * * * * * * * * *

一、任务目标

（1）了解步进电机的结构、工作原理。
（2）了解步进电机的性能参数及其内部接线。

二、任务内容

1. 结构原理

步进电机是一种将电脉冲信号转换为相应的角位移或直线位移的特殊执行电机。每输入一个电脉冲信号，电机就转动一个角度，它的运动形式是步进式的，所以称为步进电机。

以一台最简单的三相反应式步进电机为例，简述步进电机的工作原理。图 12.1.1 是一台三相反应式步进电机的原理图。定子铁心为凸极式，共有三对（六个）磁极，每两个空间相对的磁极上绕有一相控制绕组。转子用软磁性材料制成，也是凸极结构，只有四个齿，齿宽等于定子的极宽。

 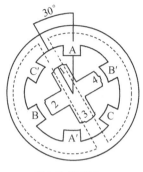 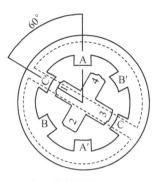

(a) A 相通电　　　　　　(b) B 相通电　　　　　　(c) C 相通电

图 12.1.1　三相反应式步进电机的原理图

当 A 相控制绕组通电,其余两相均不通电时,电机内建立以定子 A 相极为轴线的磁场。由于磁通具有力图走磁阻最小路径的特点,使转子齿 1、3 的轴线与定子 A 相极轴线对齐,如图 12.1.1(a)所示。若 A 相控制绕组断电、B 相控制绕组通电时,转子在反应转矩的作用下,逆时针转过 30°,使转子齿 2、4 的轴线与定子 B 相极轴线对齐,即转子走了一步,如图 12.1.1(b)所示。若再断开 B 相,使 C 相控制绕组通电,转子逆时针方向又转过 30°,使转子齿 1、3 的轴线与定子 C 相极轴线对齐,如图 12.1.1(c)所示。如此按 A→B→C→A 的顺序轮流通电,转子就会一步一步地按逆时针方向转动。其转速取决于各相控制绕组通电与断电的频率,旋转方向取决于控制绕组轮流通电的顺序。若按 A→C→B→A 的顺序通电,则转子按顺时针方向转动。

上述通电方式称为三相单三拍。"三相"是指三相步进电机;"单"是指每次只有一相控制绕组通电;控制绕组每改变一次通电状态称为一拍,"三拍"是指改变三次通电状态为一个循环。把每一拍转子转过的角度称为步距角。三相单三拍运行时,步距角为 30°。显然,这个角度太大,不能付诸实用。

如果把控制绕组的通电方式改为 A→AB→B→BC→C→CA→A,即一相通电接着二相通电间隔地轮流进行,完成一个循环需要经过六次改变通电状态,称为三相单双六拍通电方式。当 A、B 两相绕组同时通电时,转子齿的位置应同时考虑到两对定子极的作用,只有 A 相极和 B 相极对转子齿所产生的磁拉力相平衡的中间位置,才是转子的平衡位置。这样,单双六拍通电方式下转子平衡位置增加了一倍,步距角为 15°。

2. 系统所用步进电机的认知

堆垛机械手所选用的步进电机是 DV57HB41-02 型步进电机,如图 12.1.2 所示。具有以下特点:高性价比;使用简单;低振动、高转速、大力矩;可靠的光耦输入;自动半流功能。

其技术参数见表 12.1.1。

图 12.1.2　DV57HB41-02 型步进电机

表 12.1.1　DV57HB41-02 型步进电机的技术参数

参数名称	步距角	相电压	相电流	保持扭矩	电机惯量
参数值	1.8°	2.8 V	2.0 A/phase	0.39 N·m	120 g·cm^2

该步进电机外部接线如图 12.1.3 所示。

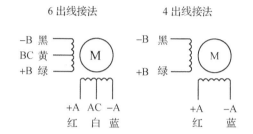

图 12.1.3　DV57HB41-02 型步进电机外部接线

三、分析与总结

步进电机由转子和定子两部分构成。通过对定子绕组连续发脉冲的方式控制步进电机的连续旋转。

四、思考与练习

（1）从系统中找到步进电机。
（2）简述步进电机的工作原理。

子任务 2　步进电机驱动器的认知

一、任务目标

（1）了解步进电机驱动器的结构、工作原理。
（2）了解步进电机驱动器的性能参数。
（3）掌握步进电机驱动器外部接线的方法。

二、任务内容

堆垛机械手采用 DV57HB41-02 型步进电机，适配的步进电机驱动器为 DV245 型两相步进电机驱动器，如图 12.2.1（a）所示。长行程机械手旋转机构采用 AKS-230 型步进电机驱动器，如图 12.2.1（b）所示。

(a) DV245　　　　　　　　　　　(b) AKS-230

图 12.2.1　两相步进电机驱动器

1. 步进电机驱动器的工作原理

步进电机驱动器的组成包括脉冲分配器和脉冲放大器两部分,主要解决向步进电机的各相绕组分配输出脉冲和功率放大两个问题。

脉冲分配器是一个数字逻辑单元,它接收来自控制器的脉冲信号和转向信号,把脉冲信号按一定的逻辑关系分配到每一相脉冲放大器上,使步进电机按选定的运行方式工作。由于步进电机各相绕组是按一定的通电顺序并不断循环来实现步进功能的,因此脉冲分配器也称为环形分配器。实现这种分配功能的方法有多种,例如,可以由双稳态触发器和门电路组成,也可由可编程逻辑器件组成。

脉冲放大器的功能是将脉冲的功率放大。因为从脉冲分配器能够输出的电流很小(毫安级),而步进电机工作时需要的电流较大,因此需要进行功率放大。此外,输出的脉冲波形、幅度、波形前沿陡度等因素对步进电机运行性能有重要的影响,需要驱动器能够提供更好的高速性能。

2. DIP 开关的设置

步进电机驱动器上的两种拨码开关主要用于驱动器的工作电流、细分等参数设置,用来和外部电机参数进行匹配。

(1)细分设置开关。

按照步进电机的工作原理,驱动器产生的阶梯式正弦波形电流按照固定的时序分别流过两路绕组,电流的每个阶梯对应电机转动一步。通过改变驱动器输出正弦电流的频率来改变电机转速,而输出的阶梯数确定了每步转过的角度。在同样条件下,阶梯数越多,角度就越小。

细分功能是完全由驱动器靠精确控制电机相电流所产生的,与步进电机无关。步进电机本身的结构决定了步进电机的步距角,该步距角称为步进电机的固定步距角。细分功能是在不改变固定步距角的条件下,通过增加电流阶梯的方式来减小步进电机控制角度的。从理论上只要细分数足够大,就可以保证步进电机的步距角足够小。细分驱动方式不仅可以减小步进电机的步距角,提高分辨率,而且可以减少或消除低频振动,使电机运行更加平稳均匀。

(2)电流设置开关。

电流设置开关设置驱动器的输出电流。对于同一电机,电流设定值越大时,电机输出力矩越大,但电流大时电机和驱动器的发热问题也比较严重。

四线和六线电机:输出电流设置成等于或者略小于电机额定电流值。

八线电机串联接法:输出电流设置成电机额定电流的70%。

八线电机并联接法:输出电流设置成电机额定电流的140%。

【注意】 设定电流后运转电机 30 min 左右,如果升温太高,则应降低电流,电机输出力矩足够的情况下,电机和驱动器不烫手就行。如果降低电流后,力矩不够了,需要换个大点的电机。

(3) DIP 开关的设置。

根据控制要求,系统所采用驱动器设置的细分和电流设置值见表 12.2.1。

表 12.2.1 细分和电流设置值

驱动器	细分	电流
DV245	16 细分(5、8 设置为 ON,6、7 设置为 OFF)	2.8 A(1 设置为 ON,2、3、4 设置为 OFF)
AKS-230	32 细分(1、3 设置为 ON,2 设置为 OFF)	3.0 A(5、6、7 全设置为 OFF)

3. 步进驱动器的接线

(1) DV245 型步进驱动器。

DV245 型步进驱动器与控制器、步进电机的接线方式如图 12.2.2 所示。

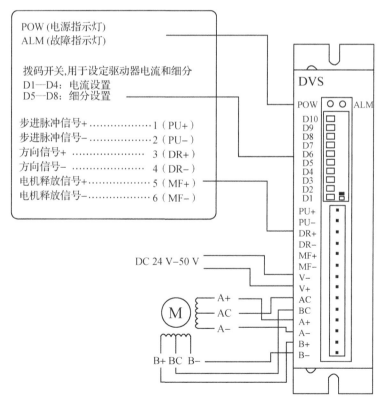

图 12.2.2 DV245 型步进驱动器接线原理图

(2) AKS-230 型步进驱动器与控制器、步进电机的接线方式如图 12.2.3 所示。

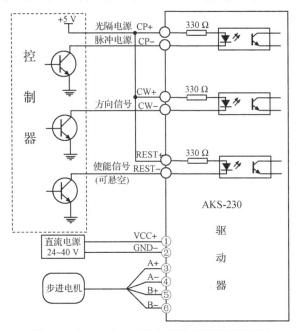

图 12.2.3　AKS-230 型步进驱动器接线原理图

三、分析与总结

步进电机由转子和定子两部分构成。通过对定子绕组连续发脉冲的方式控制步进电机的连续旋转。

四、思考与练习

（1）从系统中找到步进电机驱动器。

（2）仔细观察步进电机驱动器的接线端子及 DIP 开关所在的空间位置。

（3）什么叫细分功能？怎样设置细分？

（4）怎样设置步进电机相电流？

子任务 3　用 PLC 控制步进电机

一、任务目标

（1）了解步进电机与 PLC 的接线原理。

（2）掌握用 PLC 控制步进电机的编程指令与方法。

(3) 掌握步进驱动器参数设置的方法。

二、任务内容

1. 电气接线图

图 12.3.1 为步进电机与控制器、PLC 的电气接线图,其中 CP3 接 PLC 的 Q0.2,DIR3 接 PLC 的 Q0.6,R5、R6 为 2K/0.25W 电阻。

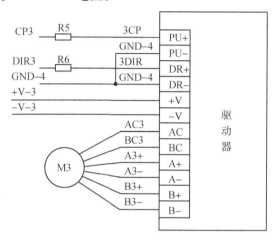

图 12.3.1　步进电机控制接线原理图

DV57HB41-02 步进电机步距角为 1.8°,在无细分的条件下 200 个脉冲电机转一圈(通过驱动器设置细分精度最高可以达到 6 400 个脉冲电机转一圈)。

2. 编程与调试

(1) 任务要求。

通过轴工艺编程,编写 PLC 程序,控制步进电机的运动停止和正反转。

(2) 轴工艺组态。

① 打开 S7-1200 PLC 编程软件,在项目中选择"工艺对象"→"插入新对象",如图 12.3.2 所示,输入轴名称"轴_1",单击"确定"按钮。

② 双击工艺名称下的"组态",出现如图 12.3.3 所示的窗口,执行"基本参数"→"常规"命令,在右边打开的界面中设置相关参数。

图 12.3.2　添加新工艺对象

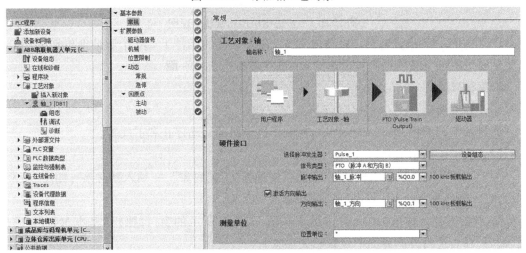

图 12.3.3　设置工艺参数和单位

③ 选择"扩展参数"→"机械",出现如图 12.3.4 所示的窗口,设置电机的相关参数。

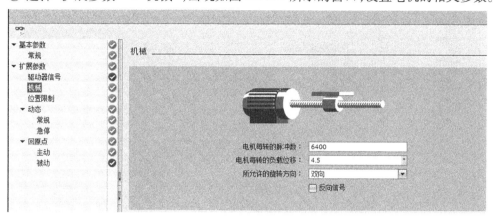

图 12.3.4　设置电机参数

④ 选择"扩展参数"→"动态"→"常规",设置速度参数,如图 12.3.5 所示。

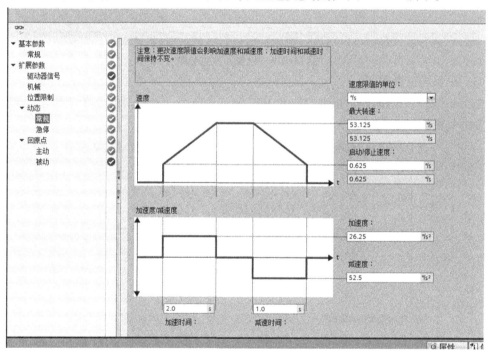

图 12.3.5　设置速度参数

⑤ 选择"扩展参数"→"回原点"→"主动",设置回原点参数,如图 12.3.6 所示。

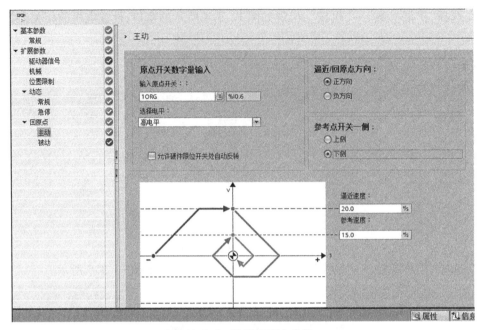

图 12.3.6 设置回原点参数

(3) 正反转控制程序。

在 Main 程序中运动控制指令"Move_Jog"位点动命令,编制如图 12.3.7 所示的程序来控制步进电机的正反转。

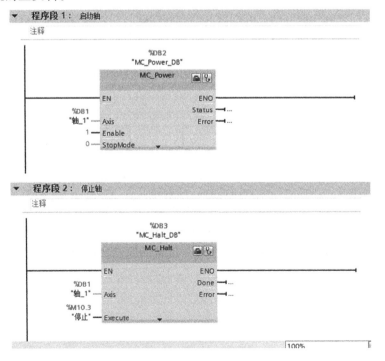

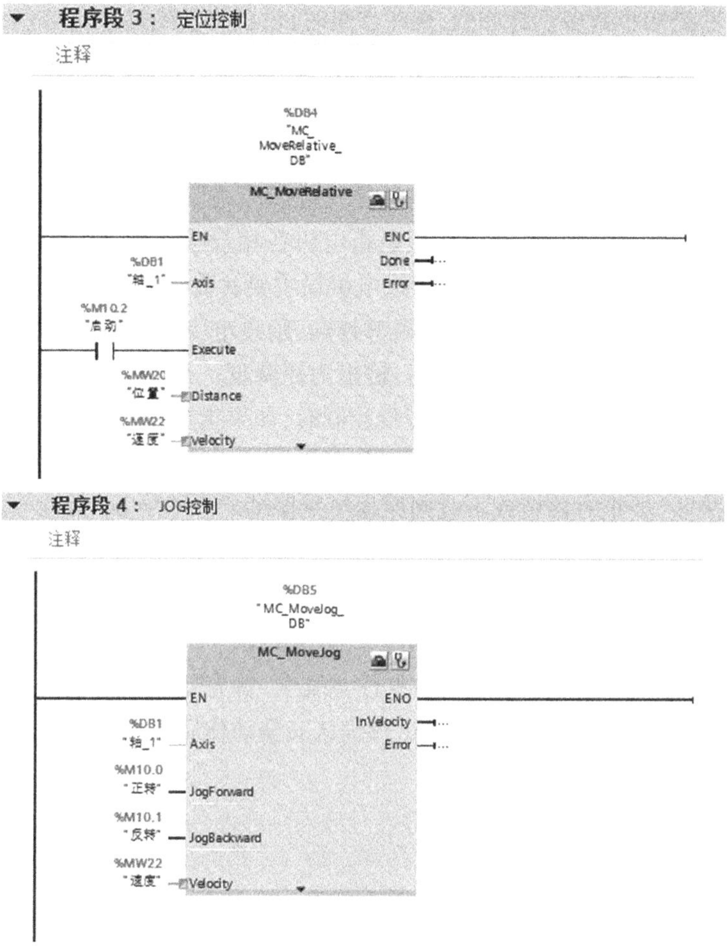

图 12.3.7 步进电机正反转程序

（4）正反转控制程序调试。

在 PLC 在线模式下，将 MW22 设置为 40.0，分别强制 M10.0、M10.1 为"1"、"0"和"0"、"1"，查看步进电机运行情况。

【注意】 如系统工作不正常，请及时按下"停止"或"急停"开关，必要时关闭系统电源开关。

（5）定位程序调试。

完成上述步骤后，将 M10.0、M10.1 设置为"0""0"，然后设置 MW22 为"40.0"，MW20 为"50"，最后强制 M10.2 为"1"，查看步进电机运行情况。

3. 失步问题

控制步进电机运行时，应注意考虑在防止步进电机运行中失步的问题。步进电机失步包括丢步和越步。

丢步：转子前进的步数小于脉冲数，丢步严重时，将使转子停留在一个位置上或围绕一个位置振动。

越步:转子前进的步数多于脉冲数,越步严重时,设备将发生过冲。

使设备返回原点的操作,常常会出现越步情况:当设备回到原点时,原点开关动作,使指令输入OFF。但如果到达原点前速度过高,惯性转矩将大于步进电机的保持转矩而使步进电机越步。因此回原点的操作应确保足够低速为宜;当步进电机驱动机械手装配高速运行时紧急停止,出现越步情况不可避免,因此急停复位后应采取先低速返回原点重新校准,再恢复原有操作的方法。(注:所谓保持扭矩是指电机各相绕组通额定电流,且处于静态锁定状态时,电机所能输出的最大转矩,它是步进电机最主要参数之一)

由于电机绕组本身是感性负载,输入频率越高,励磁电流就越小。频率高,磁通量变化加剧,涡流损失加大。因此,输入频率增高,输出力矩降低。最高工作频率的输出力矩只能达到低频转矩的40%~50%。进行高速定位控制时,如果指定频率过高,会出现丢步现象。

此外,如果机械部件调整不当,会使机械负载增大。步进电机不能过负载运行,哪怕是瞬间,都会造成失步,严重时停转或不规则原地反复振动。

三、分析与总结

(1)注意可编程序控制器必须使用晶体管输出方式。

(2)PLC通过驱动器控制步进电机时要注意安全,首先要确认机械无故障,设定参数值与机械系统相适应;然后在轻负荷低时试运行确认安全动作后再开始进行运行;如果出现异常情况应立即切断电源。

四、思考与练习

(1)在系统中找到步进电机和驱动器。

(2)简述步进电机的工作原理。

(3)步进电机控制中细分的作用是什么?通过DIP开关设置细分,观察在不同细分下电机运转有何不同。

(4)什么叫失步问题?失步会产生什么后果?造成失步的原因有哪些,怎样避免失步?

(5)用PLC控制步进电机需要连接哪些线路?

(6)将轴工艺组态的"脉冲输出"设置为"Q0.3","方向输出"设置为"Q0.7",测试堆垛机械手Z轴运动。

(7)将轴工艺组态的"脉冲输出"设置为"Q0.1","方向输出"设置为"Q0.5",测试90°搬运机械手的运动。

任务 13　伺服电机接线与控制

总体目标

➢ 了解伺服电机及其驱动器的结构、工作原理、性能参数、常用术语。
➢ 掌握通过驱动器控制电机进行速度、方向的方法。
➢ 掌握 PLC 通过驱动器控制伺服电机的方法。

子任务 1　伺服电机的认知

一、任务目标

（1）了解伺服电机的结构、工作原理。
（2）了解伺服电机的性能参数及其内部接线。

二、任务内容

1. 结构原理

伺服系统由伺服电机与伺服驱动器构成。伺服驱动器的工作原理参见"子任务 2　伺服驱动器的认知"。

伺服系统主要靠控制脉冲来定位，伺服系统每接收 1 个脉冲，伺服电机就会旋转 1 个脉冲对应的角度。伺服电机本身带有能够发出脉冲的编码器装置，当伺服电机每旋转一个角度时，编码器就会发出一定数量的脉冲反馈到伺服系统，形成闭环控制，从而实现伺服电机的精确定位。

伺服电机分为直流和交流伺服电机两大类。本系统采用交流伺服电机，其结构和原理与三相异步电机的类似。伺服电机内部的转子是永磁铁，驱动器控制的 U/V/W 三相电形成电磁场,转子在此磁场的作用下转动。伺服电机自带编码器,通过编码器将反馈信号给驱动器,驱动器根据反馈值与目标值进行比较,调整转子转动的角度。伺服电机的精度取决于编码器的精度(线数)。

2. **系统所用伺服电机的认知**

系统采用富士 GYS101D5-RA2 型伺服电机。GYS 系列伺服电机属于三相交流伺服电机,具有超低惯性、响应速度快的特点,具体参数见表 13.1.1。

表 13.1.1　富士 GYS101D5-RA2 型伺服电机具体参数

额定功率	额定转矩	最大转矩	额定电流	最大电流	惯性力矩	额定转速	编码器类型
100 W	0.318 N·m	0.955 N·m	0.85 A	2.55 A	3.71×10^{-2} kg·m²	3 000 rpm	20 位增量式

在驱动器电源电压为三相 200 V 或单相 230 V 时,电机的转矩特性如图 13.1.1 所示。

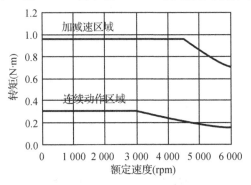

图 13.1.1　转矩特性图

三、分析与总结

伺服电机在应用过程中应用于控制要求更高的场合,需要熟悉伺服电机的结构和参数。

四、思考与练习

(1)简述伺服电机的结构和工作原理。
(2)伺服电机常用的参数有哪些?分别指的是什么?

子任务 2　伺服驱动器的认知

一、任务目标

(1)了解伺服驱动器的结构、工作原理。
(2)了解伺服驱动器的性能参数及其内部接线。

二、任务内容

1. 伺服驱动器的功能

伺服驱动器采用 DSP 作为控制核心,可以实现复杂的控制法,实现数字化、网络化和智能化。功率器件以 IPM 智能功率模块为核心设计的驱动电路,IPM 内部集成了驱动电路,具有过电压、过电流、过热、欠压等故障检测保护电路。如图 13.2.1 所示,伺服驱动器有触摸屏、模拟监控器、指令序列输出、编码器配线、电源线等。

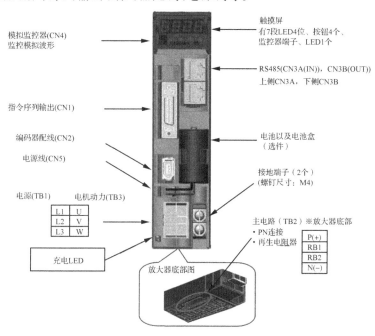

图 13.2.1 伺服驱动器

2. 伺服驱动器的接线

（1）接线原理。

伺服驱动器的接线原理图如图 13.2.2 所示。

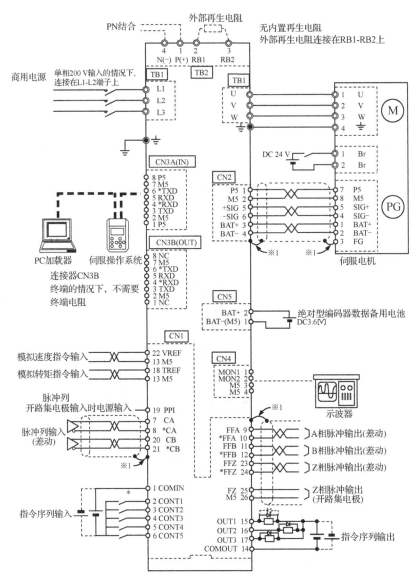

图 13.2.2 伺服驱动器的接线原理图

（2）伺服驱动器接线。

如图 13.2.2 所示,将单相 AC 220 V 从 L1、L2 接入驱动器,电机的动力电缆(U、V、W 和地)和驱动器相应端子连接,并将电机编码器电缆和驱动器 CN2 连接,控制信号 CN1 接口暂时先不连接。

【注意】 U、V、W 和地有严格相序要求,切勿接错,否则将烧毁驱动器!

3. 伺服驱动器基本操作

（1）参数设置界面(图 13.2.3)。

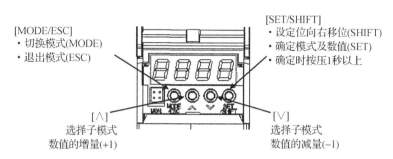

图 13.2.3　参数设置界面

（2）模式选择。

伺服驱动器有参数编辑模式、试运行模式等 7 个模式，7 个模式可以通过【MODE/ESC】键进行选择，如图 13.2.4 所示。

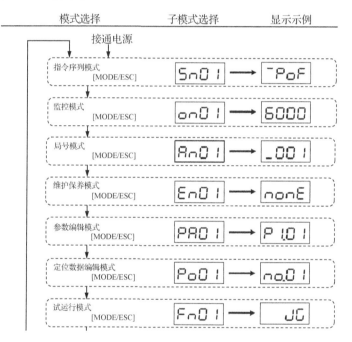

图 13.2.4　7 个模式

（3）参数设置方法。

在参数编辑模式下可以对参数进行编辑和设置，具体如图 13.2.5 所示。具体操作步骤如下：

① 按【MODE/ESC】键，进入【PR01】，按【SET/SHIFT】键 1 秒以上进行确认；

② 按住【∨】和【∧】键，进行参数选择；

③ 选中相应参数后，按【SET/SHIFT】键 1 秒以上进行参数选择确认；

④ 按住【∨】和【∧】键，修改参数数值；

⑤ 按【SET/SHIFT】键 1 秒以上进行确认；

⑥ 如果还需要设置其他参数，则按【MODE/ESC】键返回，重新选择参数；

⑦ 所有参数设置完成后,断电重启,参数方可生效。

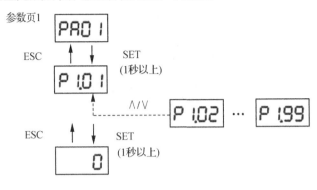

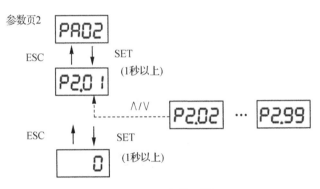

图 13.2.5　参数设置

(4) 参数值的设置。

按照表 13.2.1 所示设置参数的值。

表 13.2.1　驱动器参数设置表

参数编号	参数名称	初始值	设定值	参数说明
PA1.37	加速时间 1	100.0	500.0	加速时间设定为 0.5 s
PA1.38	减速时间 1	100.0	500.0	减速时间设定为 0.5 s
PA1.41	手动进给速度 1	100.0	30.0	—

4. JOG 模式试机

为了保证设备安全,操作前先确保滑台移动在中间位置,或者工作台皮带没有安装,然后给驱动器接通主电源,按【MODE/ESC】键进入【Fn01】,如图 13.2.6 所示。

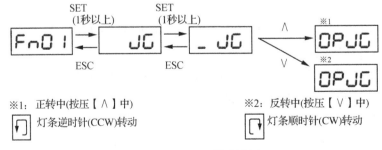

※1:正转中(按压【∧】中)
　　灯条逆时针(CCW)转动

※2:反转中(按压【∨】中)
　　灯条顺时针(CW)转动

图 13.2.6　JOG 模式试机

【注意】 为避免手动操作界面出现误操作,每次在 JOG 模式试机工作完成后,请将 PA1.41 参数设置为 0.0。

5. 简单整定

（1）功能介绍。

简单整定是在未将伺服放大器与上位控制装置相连接的状态下,仅靠伺服放大器与伺服电机运行,自动调谐放大器内部参数的功能。通过该功能,即使在上位控制装置的程序未完成的状态下,也可事先使伺服电机发生动作并进行调谐,进而可以缩短设置时间。该模式中,在放大器内部推测机械的负载惯性力矩比,自动地设定最佳增益。

（2）具体操作。

前期准备:连接好相关配线,并确保伺服与负载连接,且负载在伺服之间,保证不发生物理干涉。

（3）参数设定要求(表13.2.2)。

PA1.13:设置为10;

PA2.74:设置为0。

（4）设定简单整定参数(表13.2.2)。

PA1.21:转速(rpm);

PA1.20:行程(rev)。

表13.2.2　伺服驱动器参数设置表

参数编号	参数名称	设定值	参数说明
PA1.13	谐调模式	10	自整定
PA2.74	禁止改写参数	0	可以改写
PA1.20	简单整定:行程设定	2	2
PA1.21	简单整定:速度设定	20	20 rpm
PA1.22	简单整定:定时器	1.5	—

简单整定的方法和步骤如图13.2.7所示。

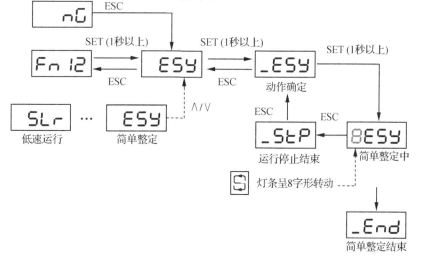

图13.2.7　简单整定的方法和步骤

三、分析与总结

伺服驱动器应用过程中,电气接线和参数设置是核心的应用技能,需要查阅使用手册和参数手册等第一手资料。

四、思考与练习

(1) 伺服驱动器电气接线过程中有哪些注意事项?
(2) 伺服驱动器参数设置的步骤是什么?
(3) 伺服驱动器参数设置需要注意哪些问题?

子任务 3　用 PLC 控制伺服电机

一、任务目标

(1) 进一步了解伺服电机的结构、工作原理。
(2) 熟悉伺服电机的参数设置、内部接线及控制模式的选择。

二、任务内容

(一) 任务要求

本任务通过正确设置伺服驱动器参数、编写 PLC 程序实现对伺服电机的基本控制任务。

(二) 操作步骤

1. 控制线路连接

按照图 13.3.1 所示连接线路,其中 L2 和 N2 接到 AC 220 V,CN2 接编码器线,CN1 中的 7 (CP1) 接到 PLC 的 Q0.0,CN1 中的 7 (CP1) 接到 PLC 的 Q0.4,R1 和 R2 位 2K/0.25W 电阻。

2. 参数设置

按照表 13.3.1 所示设置伺服驱动器参数。

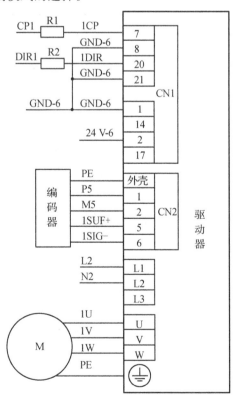

图 13.3.1　伺服电机控制接线

表 13.3.1 伺服驱动器参数设置表

参数编号	参数名称	初始值	设定值	参数说明
PA1.01	控制模式选择	0	0	位置模式
PA1.03	指令脉冲形态	1	0	指令脉冲/符号
PA1.05	每旋转1周的指令脉冲	0	6 400	—
PA1.20	简单整定行程设定	2.00	20	—
PA1.21	简单整定速度设定	500.00	300	—
PA3.52	OUT2 信号分配	2	14	制动器
PA3.53	OUT3 信号分配	76	16	报警检测

3. PLC 编程调试

(1) 轴工艺组态。

【注意】 将脉冲端口设置为 Q0.0,将方向端口设置为 Q0.4。

(2) 编写 PLC 程序。

PLC 程序参见任务 12 中的子任务 3。

(3) 正反转控制程序调试。

为了安全起见,先将机械手移动到中间位置。在 PLC 在线模式下,将 MW22 设置为 40.0,分别强制 M10.0、M10.1 为"1"、"0"和"0"、"1",查看机械手的移动。

【注意】 如系统工作不正常,请及时按下"停止"或"急停"开关,必要时关闭系统电源开关。

(4) 定位程序调试。

完成上述步骤后,再次将机械手移动到中间位置。然后将 M10.0、M10.1 分别设置为"0""0",接着设置 MW22 为"30.0",MW20 为"50",最后强制 M10.2 为"1",查看机械手的移动。

三、分析与总结

虽然 PLC 控制伺服电机与控制步进电机任务有很多共同之处,但在控制伺服电机的时候仍然需要注意伺服电机与步进电机的区别。

四、思考与练习

(1) 在系统中找到伺服电机和伺服驱动器。

(2) S7-1200 PLC 控制伺服电机的组态过程中需要设置哪些参数?

任务 14　系统故障诊断与维修

- 学会系统故障诊断与维修的方法。
- 掌握机械系统、气动系统和电气系统常见故障的维修方法。
- 学习系统故障诊断与维修基础知识。
- 学会传送带、联轴器常见故障类型、原因及解决方法。
- 学会气动元件常见故障形式、故障原因及解决方法。
- 学会常见电器元件、步进电机、交流电机的常见故障与排除方法。

子任务 1　故障诊断与维修基础

一、任务目标

（1）了解一般生产系统的故障诊断与维修的基本知识。
（2）了解故障诊断的常用方法及设备维修前应做的准备工作。

二、任务内容

1. 设备故障概述

故障诊断与维修的基本目的就是提高设备的可靠性。设备的可靠性是指在规定的时间内、规定的工作条件下维持无故障工作的能力。衡量设备可靠性的重要指标是平均无故障工作时间 $MTBF$（mean time between failures）、平均修复时间 $MTTR$（mean time to repair）和平均有效度 A。

按照故障频率的高低，机床的使用期可以分为三个阶段，即初始运行期（磨合期）T_1、相

对稳定期 T_2 和衰老期 T_3，这三个阶段故障频率可以由故障发生规律曲线(图 14.1.1)来表示。

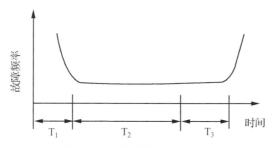

图 14.1.1　故障发生规律曲线

- 初始运行期：新设备的磨合阶段，故障率比较高。
- 相对稳定期：磨合一段时间之后，该出的问题出过一遍，然后处于一个稳定的工作阶段。
- 衰老期：设备长时间运行之后，各部分功能处于老化阶段，故障频率上升。
- 平均无故障工作时间：是指数控机床在使用中两次故障间隔的平均时间，即

$$MTBF = \frac{总的工作时间}{总故障次数}$$

平均无故障工作时间代表这机床本身的可靠性。显然平均无故障时间越长越好，连续工作半年出现一次故障的机床肯定比工作三五天就要出现一次故障的机床可靠性好。

- 平均修复时间：是指设备从开始出现故障直至排除故障、恢复正常使用的平均时间。平均修复时间代表机床的可修复性。显然平均修复时间越短越好。
- 平均有效度：是对设备正常工作概率进行综合评价的指标，它是指一台可维修数控机床在某一段时间内维持其性能的概率，即

$$A = \frac{MTBF}{MTBF + MTTR}$$

A 总是一个小于 1 的正数，平均无故障工作时间越长或者平均修复时间越短，A 就越接近于 1，说明机床的使用性能就越好。

2. 故障诊断方法

(1) 常规方法。

① 直观法。

这是一种最基本的方法。维修人员通过对故障发生时的各种光、声、味等异常现象的观察及认真查看系统的每一处，往往可将故障范围缩小到一个模块或一块印刷线路板。该方法一般是故障诊断的第一步，用于缩小故障范围，要求维修人员具有丰富的实战经验，要有多学科的较宽的知识面和综合判断的能力。

② 自诊断功能法。

某些自动化系统已经具备了较强的自诊断功能。能随时监视数控系统的硬件和软件的工作状况。一旦发现异常，立即在 CRT(cathode ray tube，阴极射线管)显示器上显示报警信

息或用发光二极管指示出故障的大致起因。利用自诊断功能,也能显示出系统与主机之间接口信号的状态,从而判断出故障发生在机械部分还是数控系统部分,并指示出故障的大致部位。这个方法是当前维修时最有效的一种方法。

③ 功能程序测试法。

功能程序测试法就是将设备的常用功能和特殊功能编制成一个功能程序,然后启动系统使之运行,借以检查系统执行这些功能的准确性和可靠性,进而判断出故障发生的可能起因。本方法对于长期闲置的数控机床第一次开机时的检查及机床加工造成废品但又无报警的情况下,一时难以确定是编程错误或是操作错误、还是机床故障时的判断是一较好的方法。

④ 交换法。

这是一种简单易行的方法,也是现场判断时最常用的方法之一。所谓交换法就是在分析出故障大致起因的情况下,维修人员可以利用备用的印刷线路板、模板,集成电路芯片或元器件替换有疑点的部分,从而把故障范围缩小到印刷线路板或芯片一级。它实际上也是在验证分析的正确性。

⑤ 测量比较法。

系统生产厂在设计印刷线路板时,为了调整、维修的便利,在印刷线路板上设计了多个检测用端子。用户也可利用这些端子比较测量正常的印刷线路板和有故障的印刷线路板之间的差异。可以检测这些测量端子的电压或波形,分析故障的起因及故障的所在位置。甚至,有时还可对正常的印刷线路人为地制造"故障",如断开连线或短路,拔去组件等,以判断真实故障的起因。维修人员应在平时积累印刷线路板上关键部位或易出故障部位在正常时的正确波形和电压值,因为系统生产厂往往不提供有关这方面的资料。

⑥ 原理分析法。

根据系统的组成原理,可从逻辑上分析各点的逻辑电平和特征参数(如电压值或波形),然后用万用表、逻辑笔、示波器或逻辑分析仪进行测量、分析和比较,从而对故障定位。要求维修人员必须对整个系统或每个电路的原理有清楚的、较深的了解。

(2) 先进方法。

① 远程诊断。

远程诊断是数控系统的生产厂家维修部门提供的一种先进的诊断方法,这种方法采用网络通信手段,一端连接用户的系统中的专用"远程通信接口",通过局域网或将普通电话线连接到 Internet 上,另一端则通过 Internet 连接到设备远程维修中心的专用诊断计算机上。通过诊断计算机向用户的系统发送诊断程序,并将测试数据送回到诊断计算机进行分析,得出诊断结论,然后再将诊断结论和处理方法通知用户。该方法可以降低用于故障诊断和故障排除的时间,减少维修和维护的费用。

② 自修复系统。

就是在系统内设置有备用模块,在系统的软件中装有自修复程序,当该软件在运行时一旦发现某个模块有故障时,系统一方面将故障信息显示在 CRT 上,同时自动寻找是否有备用模块,如有备用模块,则系统能自动使故障脱机,而接通备用模块使系统能较快地进入正常工作状态。该方法适用于无人管理的自动化工作的场合。

③ 专家诊断系统。

专家诊断系统又称智能诊断系统。它将专业技术人员、专家的知识和维修技术人员的经验整理出来,运用推理的方法编制成计算机故障诊断程序库。专家诊断系统主要包括知识库和推理机两部分。知识库中以各种规则形式存放着分析和判断故障的实际经验和知识;推理机对知识库中的规则进行解释,运行推理程序,寻求故障原因和排除故障的方法。

3. 设备维修前的准备工作

(1) 方案确定。

在修理前应切实掌握设备的技术状况,制定切实可行的修理方案,充分做好技术和生产准备工作;在修理中要积极采用新技术、新材料、新工艺和现代管理方法,做好技术、经济和组织管理工作,以保证修理质量,缩短停修时间,降低修理费用。必须通过预检,在详细调查了解设备修理前技术状况、存在的主要缺陷和产品工艺对设备的技术要求后,立即分析制定修理方案。按产品工艺要求,设备的出厂精度标准能否满足生产需要;如果个别主要精度项目标准不能满足生产需要,能否采取工艺措施提高精度;哪些精度项目可以免检。对多发性重复故障部位,分析改进设计的必要性与可能性。对关键零部件,如精密主轴部件、精密丝杠副、分度蜗杆副的修理,本企业维修人员的技术水平和条件能否胜任。对基础件,如床身、立柱、横梁等的修理,采用磨削、精刨或精铣工艺,在本企业或本地区其他企业实现的可能性和经济性。为了缩短修理时间,哪些部件采用新部件比修复原部件更经济。如果本企业承修,哪些修理作业需委托外企业协作,与外企业联系并达成初步协议。如果本企业不能胜任和不能实现对关键零部件、基础件的修理工作,应确定委托其他企业来承修,这些企业是指专业修理公司、设备制造公司等。

(2) 技术准备。

设备大修前的准备工作很多,大多是技术性很强的工作,其完善程度和准确性、及时性都会直接影响大修进度计划、修理质量和经济效益。设备修理前的技术准备,包括设备修理的预检和预检的准备、修理图样资料的准备、各种修理工艺的制定及修理工检具的制造和供应。各企业的设备维修组织和管理分工有所不同,但设备大修前的技术准备工作内容及程序大致相同。

① 预检。

为了全面深入了解设备技术状态劣化的具体情况,在大修前安排的停机检查,通常称为预检。预检工作由主修技术人员负责,设备使用单位的机械人员和维修工人参加,并共同承担。预检工作量由设备的复杂程度、劣化程度决定,设备越复杂,劣化程度越严重,预检工作量就越大,预检时间也越长。

预检既可验证事先预测的设备劣化部位及程度,又可发现事先未预测到的问题,从而全面深入了解设备的实际技术状态,并结合已经掌握的设备技术状态劣化规律,作为制定修理方案的依据。从预检结束至设备解体大修开始之间的时间间隔不宜过长,否则可能在此期间设备技术状态加速劣化,致使预检的准确性降低,给大修施工带来困难。

② 编制大修理技术文件。

通过预检和分析确定修理方案后,必须以大修理技术文件的形式做好修理前的技术准备。机电设备大修理技术文件有修理技术任务书、修换件明细表、材料明细表、修理工艺和修理质量标准等。这些技术文件是编制修理作业计划,准备备品、配件、材料,校算修理工时与成本,指导修理作业以及检查和验收修理质量的依据,它的正确性和先进性是衡量企业设备维修技术水平的重要标志之一。

(3) 物质准备。

设备修理前的物质准备是一项非常重要的工作,是搞好维修工作的物质条件。实际工作中经常由于备品配件供应不上而影响修理工作的正常进行,延长修理停歇时间,使生产受到损失。因此,必须加强设备修理前的物质准备工作。

主修技术人员在编制好修换件明细表和材料明细表后,应及时将明细表交给备件、材料管理人员。备件、材料管理人员在核对库存后提出订货。主修技术人员在制定好修理工艺后,应及时把专用工、检具明细表和图样交给工具管理人员。工具管理人员经校对库存后,把所需用的库存专用工、检具送有关部门鉴定,按鉴定结果,如需修理提请有关部门安排修理,同时要对新的专用的工、检具提出订货。

三、分析与总结

(1) 结合自动生产线实训设备思考可能出现的故障。

(2) 讨论如何保障自动生产线实训设备正常工作。

四、思考与练习

(1) 如何衡量设备的可靠性?

(2) 设备故障诊断常用的方法有哪些?

(3) 设备维修前需要做哪些准备工作?

子任务2 机械故障诊断与维修

一、任务目标

(1) 了解传送带、联轴器的常见故障类型。

(2) 理解传送带、联轴器的常见故障的原因。

(3) 掌握传送带、联轴器的故障调整与维修方法。

二、任务内容

1. 传送带故障诊断与维修

本系统中传送带主要的故障形式为打滑和跑偏。

（1）打滑故障。

带传动的张紧程度对其传动能力、寿命和轴压力都有很大的影响。以 V 带传动为例，初拉力的测定可在带与带轮两切点中心加以垂直于带的载荷 G 使每 100 mm 跨距产生 1.6 mm 的挠度，此时传动带的初拉力 F_0 是合适的（总挠度 $y = 1.6a/100$），如图 14.2.1 所示。

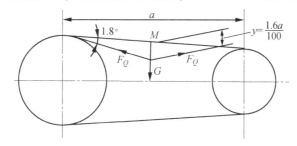

图 14.2.1 带传动的张紧示意图

带传动工作一段时间后会由于塑性变形而松弛，使初拉力减小、传动能力下降，此时在规定载荷 G 作用下总挠度 y 变大，需要重新张紧。常用张紧方法有调整中心距法和张紧轮法。带传动的中心距不能调整时，可采用张紧轮法。本系统中传送带打滑的原因主要有以下几个方面：

① 初张力太小。输送带离开滚筒处的张力不够造成输送带打滑。这种情况一般发生在启动时，解决的办法是调整拉紧装置，加大初张力。

② 传动滚筒与输送带之间的摩擦力不够造成打滑。其主要原因多半是输送带上有水或环境潮湿。解决办法是在滚筒上加些松香末。但要注意不要用手投加，而应用鼓风设备吹入，以免发生人身事故。

③ 启动速度太快也能形成打滑。此时可慢速启动。

（2）跑偏故障。

造成传送带跑偏的因素很多，主要有设备安装质量问题（如机身、桁架等结构歪斜不直），有输送带质量问题，输送带接头与中心不垂直，输送带边呈 S 形，转载点处落料位置不在输送带中心等，这些问题均可造成输送带跑偏，因此应在空转运行时对其进行调整。

① 滚筒轴线与输送机中心线不垂直。

原因：头部驱动滚筒或尾部改向滚筒的轴线与输送机中心线不垂直，造成胶带在头部滚筒或尾部改向滚筒处跑偏。如图 14.2.2 所示，滚筒偏斜时，胶带在滚筒两侧的松紧度不一致，沿宽度方向上所受的牵引力 F_q 也就不一致，成递增或递减趋势，这样就会使胶带附加一个向递减方向的移动力 F_y，导致胶带向松侧跑偏，即所谓的"跑松不跑紧"。

其调整方法如图 14.2.2 所示,对于头部滚筒如胶带向滚筒的右侧跑偏,则右侧的轴承座应当向前移动,胶带向滚筒的左侧跑偏,则左侧的轴承座应当向前移动,相对应的也可将左侧轴承座后移或右侧轴承座后移。尾部滚筒的调整方法与头部滚筒刚好相反。经过反复调整直到胶带调到较理想的位置。在调整驱动或改向滚筒前最好准确安装其位置。

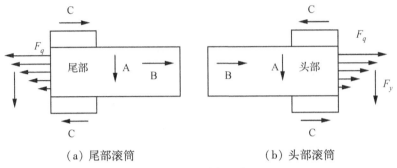

(a) 尾部滚筒　　　　　　(b) 头部滚筒

图 14.2.2　受力示意图

② 滚筒直径不一致。

滚筒外表面加工误差、粘料或磨损不均造成直径大小不一,胶带会向直径较大的一侧跑偏,即所谓的"跑大不跑小"。其受力情况如图 14.2.3 所示:胶带的牵引力 F_q 产生一个向直径大侧的移动分力 F_y,在分力 F_y 的作用下,胶带产生偏移。

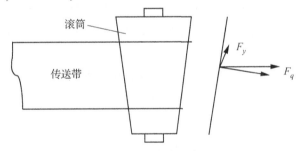

图 14.2.3　受力示意图

对于这种情况,解决的方法就是清理干净滚筒表面附着物,加工误差和磨损不均的就要更换下来重新加工包胶处理。

③ 转载点处落料位置不正对。

转载点处落料位置不正对造成胶带跑偏,转载点处物料的落料位置对胶带的跑偏有非常大的影响,尤其在上条输送机与本条输送机在水平面的投影成垂直时影响更大。通常应当考虑转载点处上下两条皮带机的相对高度。如图 14.2.4 所示,相对高度越低,物料的水平速度分量越大,对下层皮带的侧向冲击力 F_c 也越大,同时物料也很难居中。使在胶带横断面上的物料偏斜,冲击力 F_c 的水平分力 F_y 最终导致皮带跑偏。如果物料偏到右侧,则皮带向左侧跑偏,反之亦然。

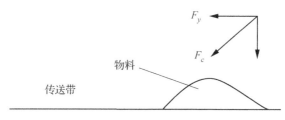

图 14.2.4 受力示意图

对于这种情况下的跑偏,在设计过程中应尽可能地加大两条输送机的相对高度。在受空间限制的带式输送机的上下漏斗、导料槽等件的形式与尺寸更应认真考虑。一般导料槽的宽度应为皮带宽度的五分之三左右比较合适。为减少或避免皮带跑偏,可增加挡料板阻挡物料,改变物料的下落方向和位置。

④ 胶带本身的问题,如胶带使用时间长,产生老化变形、边缘磨损,或者胶带损坏后重新制作的接头中心不正,这些都会使胶带两侧边所受拉力不一致而导致跑偏。这种情况胶带全长上会向一侧跑偏,最大跑偏在不正的接头处,处理的方法只有对中心不正的胶接头重新制作,胶带老化变形的给予更换处理。

⑤ 输送机的张紧装置使胶带的张紧力不够,胶带无载时或少量载荷时不跑偏,当载荷稍大时就会出现跑偏现象。张紧装置是保证胶带始终保持足够的张紧力的有效装置,张紧力不够,胶带的稳定性就很差,受外力干扰的影响就越大,严重时还会产生打滑现象。对于使用螺旋张紧的皮带可调整张紧行程来增大张紧力。但是,有时张紧行程已不够,皮带出现了永久性变形,这时可将皮带截去一段重新进行胶接。

2. 联轴器故障诊断与维修

联轴器的种类很多,按被联接两轴的相对位置是否有补偿能力,联轴器可分为固定式和可移式两种。固定式联轴器用在两轴轴线严格对中,并在工作时不允许两轴有相对位移的场合。可移式联轴器允许两轴线有一定的安装误差,并能补偿被联接两轴的相对位移和相对倾斜。

联接的两轴,由于制造和安装误差、承载后的变形以及温度变化、轴承磨损等原因,都可能使被联接的两轴相对位置发生变化。图 14.2.5 所示为被联接两轴可能发生相对位移和偏斜的情况。这就要求设计联轴器时,要从结构上采取各种不同的措施,使之具有能适应上述偏移量的性能,否则就会在轴、联轴器和轴承中引起附加载荷,导致机器在运行时出现剧烈振动,工作情况严重恶化,甚至引起轴折断,轴承或联轴器中元件损坏。如采用可移式联轴器,则能补偿两轴间的相对位移和偏斜,改善其工作情况。

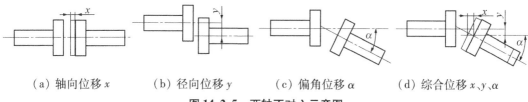

(a) 轴向位移 x　　(b) 径向位移 y　　(c) 偏角位移 α　　(d) 综合位移 x、y、α

图 14.2.5 两轴不对心示意图

三、分析与总结

（1）结合系统的机械机构调整皮带的张紧度，使皮带不打滑。
（2）结合系统的机械结构调整螺旋机构，调整皮带的跑偏。
（3）结合系统的机械结构调整联轴器所联接两轴的相对位置。

四、思考与练习

（1）传送带常见的故障有哪些？
（2）传送带跑偏故障的原因有哪些，如何调整？
（3）联轴器所联接两轴相对位置发生变化的原因有哪些？

子任务3　气动系统故障诊断与维修

一、任务目标

（1）了解气动元件常见故障形式，理解故障原因。
（2）了解气动系统常见故障及排除方法。
（3）了解气动系统维护的要点。

二、任务内容

1. 气动元件的故障及维修

（1）气源故障及维修。

气源的常见故障：空压机故障、减压阀故障、管路故障、压缩空气处理组件故障等。

① 空压机故障有止逆阀损坏、活塞环磨损严重、进气阀片损坏和空气过滤器堵塞等。若要判断止逆阀是否损坏，只需在空压机自动停机十几秒后，将电源关掉，用手盘动大胶带轮，如果能较轻松地转动一周，则表明止逆阀未损坏；反之，止逆阀已损坏；另外，也可从自动压力开关下面的排气口的排气情况来进行判断，一般在空压机自动停机后应在十几秒左右后就停止排气，如果一直在排气直至空压机再次启动时才停止，则说明止逆阀已损坏，须更换。当空压机的压力上升缓慢并伴有串油现象时，表明空压机的活塞环已严重磨损，应及时更换。当进气阀片损坏或空气过滤器堵塞时，也会使空压机的压力上升缓慢（但没有串油现象）。检查时，可将手掌放至空气过滤器的进气口上，如果有热气向外顶，则说明进气阀处已损坏，须更换；如果吸力较小，一般是空气过滤器较脏所致，应清洗或更换过滤器。

② 减压阀故障有压力调不高或压力上升缓慢等。压力调不高，往往是因调压弹簧断裂或膜片破裂而造成的，必须换新；压力上升缓慢，一般是因过滤网被堵塞引起的，应拆下

清洗。

③ 管路故障有管路接头处泄漏、软管破裂、冷凝水聚集等。管路接头泄漏和软管破裂时可从声音上来判断漏气的部位，应及时修补或更换；若管路中聚积有冷凝水，则应及时排掉，特点是在北方的冬季冷凝水易结冰而堵塞气路。

④ 压缩空气处理组件（三联体）故障有油水分离器故障、调压阀和油雾器故障。油水分离器的故障中又分为滤芯堵塞、破损，排污阀的运动部件动件不灵活等情况。工作中要经常清洗滤芯，除去排污器内的油污和杂质。油雾器的故障现象有不滴油、油杯底部沉积有水分、油杯口的密封圈损坏等。当油雾器不滴油时，应检查进气口的气流量是否低于起雾流量，是否漏气，油量调节针阀是否堵塞等；如果油杯底部沉积了水分，应及时排除；当密封圈损坏时，应及时更换。

（2）气动执行元件（气缸）故障及维修。

由于气缸装配不当和长期使用，气动执行元件（气缸）易发生内、外泄漏，输出力不足和动作不平稳，缓冲效果不良，活塞杆和缸盖损坏等故障现象。

① 气缸出现内、外泄漏，一般是由活塞杆安装偏心，润滑油供应不足，密封圈和密封环磨损或损坏，气缸内有杂质及活塞杆有伤痕等造成的。所以，当气缸出现内、外泄漏时，应重新调整活塞杆的中心，以保证活塞杆与缸筒的同轴度；须经常检查油雾器工作是否可靠，以保证执行元件润滑良好；当密封圈和密封环出现磨损或损坏时，须及时更换；若气缸内存在杂质，应及时清除；活塞杆上有伤痕时应换新。

② 气缸的输出力不足和动作不平稳，一般是因活塞或活塞杆被卡住、润滑不良、供气量不足，或缸内有冷凝水和杂质等原因造成的。对此，应调整活塞杆的中心；检查油雾器的工作是否可靠；供气管路是否被堵塞。当气缸内存有冷凝水和杂质时，应及时清除。

③ 气缸的缓冲效果不良，一般是因缓冲密封圈磨损或调节螺钉损坏所致。此时，应更换密封圈和调节螺钉。

④ 气缸的活塞杆和缸盖损坏，一般是因活塞杆安装偏心或缓冲机构不起作用而造成的。对此，应调整活塞杆的中心位置；更换缓冲密封圈或调节螺钉。

（3）换向阀故障及维修。

换向阀故障有不能换向或换向动作缓慢、气体泄漏、电磁先导阀有故障等。

① 换向阀不能换向或换向动作缓慢，一般是因润滑不良、弹簧被卡住或损坏、油污或杂质卡住滑动部分等原因引起的。对此，应先检查油雾器的工作是否正常；润滑油的粘度是否合适。必要时，应更换润滑油，清洗换向阀的滑动部分，或更换弹簧和换向阀。

② 换向阀经长时间使用后易出现阀芯密封圈磨损、阀杆和阀座损伤的现象，导致阀内气体泄漏、阀的动作缓慢或不能正常换向等故障。此时，应更换密封圈、阀杆和阀座，或将换向阀换新。

③ 电磁先导阀的进、排气孔被油泥等杂物堵塞，封闭不严，活动铁芯被卡死，电路有故障等，均可导致换向阀不能正常换向。对前三种情况应清洗先导阀及活动铁芯上的油泥和杂质。而电路故障一般又分为控制电路故障和电磁线圈故障两类。在检查电路故障前，应

先将换向阀的手动旋钮转动几下,看换向阀在额定的气压下是否能正常换向,若能正常换向,则说明电路有故障。检查时,可用仪表测量电磁线圈的电压,看是否达到了额定电压,如果电压过低,应进一步检查控制电路中的电源和相关联的行程开关电路。如果在额定电压下换向阀不能正常换向,则应检查电磁线圈的接头(插头)是否松动或接触不实。方法是:拔下插头,测量线圈的阻值(一般应在几百欧姆至几千欧姆之间),如果阻值太大或太小,说明电磁线圈已损坏,应更换。

(4) 气动辅助元件故障。

气动辅助元件的故障主要有油雾器故障、自动排污器故障、消声器故障等。

① 油雾器故障有调节针的调节量太小、油路堵塞、管路漏气等,都会使液态油滴不能雾化。对此,应及时处理堵塞和漏气的地方,调整滴油量,使其在每分钟5滴左右。正常使用时,油杯内的油面要保持在上、下限范围之内。对油杯底沉积的水分,应及时排除。

② 自动排污器内的油污和水分有时不能自动排除,特别是在冬季温度较低的情况下尤为严重。此时,应将其拆下并进行检查和清洗。

③ 当换向阀上装的消声器太脏或被堵塞时,也会影响换向阀的灵敏度和换向时间,故要经常清洗消声器。

2. 气动系统常见故障和排除方法

一般气动系统发生故障的原因:① 机器部件的表面故障或者是元件堵塞;② 控制系统的内部故障。经验证明,控制系统故障的发生概率远远小于与外部接触的传感器或者机器本身的故障。气动系统常见故障及排除方法见表14.3.1。

表14.3.1 气动系统常见故障及排除方法

故障	原因	排除方法
换向阀不换向	阀芯移动阻力大,润滑不良	改进润滑
	密封圈老化变形	更换密封圈
	滑阀被异物卡住	清除异物,使滑阀移动灵活
	弹簧损坏	更换弹簧
	阀操纵力小	检查操纵部分
阀产生振动和噪声	压力阀的弹簧力减弱,或弹簧错位	把弹簧调整到正确位置
	阀体与阀杆不同轴	检查并调整位置偏差
	控制电磁阀的电源电压低	提高电源电压
	空气压力低(先导式换向阀)	提高气控压力
	电磁铁活动铁芯密封不良	检查密封性,必要时更换铁芯

续表

故障	原因	排除方法
分水滤气器压力降过大	使用的滤芯过细	更换适当的滤芯
	滤芯网眼堵塞	用净化液清洗滤芯
	流量超过滤清器的容量	换大容量的滤清器
从分水滤气器输出端溢出冷凝水和异物	未及时排出冷凝水	定期排水或安装自动排水器
	自动排水器发生故障	检修或更换
	滤芯破损	更换滤芯
	滤芯密封不严	更换滤芯
油雾器滴油不正常	通往油杯的空气通道堵塞	检修
	油路堵塞	检修、疏通油路
	测量调整螺钉失效	检修、调换螺钉
	油雾器反向安装	改变安装方向
元件和管路阻塞	压缩空气质量不好,水汽、油雾含量过高	检查过滤器、干燥器,调节油雾器的滴油量
元件失压或产生误动作	元件和管路联接不符合要求(线路太长)	合理安装元件与管路,尽量缩短信号元件与主控阀的距离
流量控制阀的排气口阻塞	管路内的铁锈、杂质使阀座被粘连或堵塞	清除管路内的杂质或更换管路
元件表面有锈蚀或阀门元件严重阻塞	压缩空气中凝结水含量过高	检查、清洗滤清器、干燥器
气缸出现短时的输出力下降	供气系统压力下降	检查管路是否泄漏、管路联接处是否松动
活塞杆速度有时不正常	由于辅助元件的动作而引起的系统压力下降	提高压缩机供气量或检查管路是否泄漏、阻塞
活塞杆伸缩不灵活	压缩空气中含水量过高,使气缸内润滑不好	检查冷却器、干燥器、油雾器工作是否正常
气缸的密封件磨损过快	气缸安装时轴向配合不好,使缸体和活塞杆上产生支承应力	调整气缸安装位置或加装可调支承架
系统停用几天后,重新启动时润滑部件动作不畅	润滑油结胶	检查、清洗油水分离器或调小油雾器的滴油量

3. 气动系统维护的要点

（1）保证供给洁净的压缩空气。压缩空气中通常都含有水分、油分和粉尘等杂质。水分会使管道、阀和气缸腐蚀;油分会使橡胶、塑料和密封材料变质;粉尘造成阀体动作失灵。选用合适的过滤器,可以清除压缩空气中的杂质,使用过滤器时应及时排除积存的液体,否则当积存液体接近挡水板时,气流仍可将积存物卷起。

（2）保证空气中含有适量的润滑油。大多数气动执行元件和控制元件都要求适度的润滑。如果润滑不良,则将会发生以下故障:① 由于摩擦阻力增大而造成气缸推力不足,阀心动作失灵;② 由于密封材料的磨损而造成空气泄漏;③ 由于生锈造成元件的损伤及动作失灵。润滑的方法一般采用油雾器进行喷雾润滑,油雾器一般安装在过滤器和减压阀之后。油雾器的供油量一般不宜过多,通常每 10 m³ 的自由空气供 1 mL 的油量(40~50 滴油)。检查润滑是否良好的一个方法是:找一张清洁的白纸放在换向阀的排气口附近,如果阀在工作三至四个循环后,白纸上只有很轻的斑点,则表明润滑是良好的。

(3) 保持气动系统的密封性。漏气不仅增加了能量的消耗,也会导致供气压力的下降,甚至造成气动元件工作失常。严重的漏气在气动系统停止运行时,由漏气引起的响声很容易发现;轻微的漏气则利用仪表,或用涂抹肥皂水的方法进行检查。

(4) 保证气动元件中运动零件的灵敏性。从空气压缩机排出的压缩空气,包含有粒度为 0.01~0.08 μm 的压缩机油微粒,在排气温度为 120~220 ℃ 的高温下,这些油粒会迅速氧化,氧化后油粒颜色变深,粘性增大,并逐步由液态固化成油泥。这种 μm 级以下的颗粒,一般过滤器无法滤除。当它们进入换向阀后便附着在阀芯上,使阀的灵敏度逐步降低,甚至出现动作失灵。为了清除油泥,保证灵敏度,可在气动系统的过滤器之后,安装油雾分离器,将油泥分离出来。此外,定期清洗阀也可以保证阀的灵敏度。

(5) 保证气动装置具有合适的工作压力和运动速度。调节工作压力时,压力表应当工作可靠,读数准确。减压阀与节流阀调节好后,必须紧固调压阀盖或锁紧螺母,防止松动。

4. 气动系统的点检与定检

(1) 管路系统的点检主要内容是对冷凝水和润滑油的管理。冷凝水的排放,一般应当在气动装置运行之前进行。但是当夜间温度低于 0 ℃ 时,为防止冷凝水冻结,气动装置运行结束后,应开启放水阀门排放冷凝水。补充润滑油时,要检查油雾器中油的质量和滴油量是否符合要求。此外,点检还应包括检查供气压力是否正常,有无漏气现象等。

(2) 气动元件的定检主要内容是彻底处理系统的漏气现象。例如更换密封元件,处理管接头或联接螺钉松动等,定期检验测量仪表、安全阀和压力继电器等。具体可参见表 14.3.2。

表 14.3.2 气动元件的定检

元件名称	定检内容
气缸	① 活塞杆与端面之间是否漏气; ② 活塞杆是否划伤、变形; ③ 管接头、配管是否划伤、损坏; ④ 气缸动作时有无异常声音; ⑤ 缓冲效果是否合乎要求
电磁阀	① 电磁阀外壳温度是否过高; ② 电磁阀动作时,工作是否正常; ③ 气缸行程到末端时,通过检查阀的排气口是否有漏气来确诊电磁阀是否漏气; ④ 紧固螺栓及管接头是否松动; ⑤ 电压是否正常,电线有否损伤; ⑥ 通过检查排气口是否被油润湿,或排气是否会在白纸上留下油雾斑点来判断润滑是否正常

续表

元件名称	定检内容
油雾器	① 油杯内油量是否足够,润滑油是否变色、混浊,油杯底部是否沉积有灰尘和水; ② 滴油量是否合适
调压阀	① 压力表读数是否在规定范围内; ② 调压阀盖或锁紧螺母是否锁紧; ③ 有无漏气
过滤器	① 储水杯中是否积存冷凝水; ② 滤芯是否应该清洗或更换; ③ 冷凝水排放阀动作是否可靠
安全阀及压力继电器	① 在调定压力下动作是否可靠; ② 校验合格后,是否有铅封或锁紧; ③ 电线是否损坏,绝缘是否合格

三、分析与总结

(1) 结合自动生产线实训设备统计气动元件、气动系统出现的故障。
(2) 结合自动生产线实训设备讨论如何维护气动系统。

四、思考与练习

(1) 气缸常见故障有哪些？如何进行维修？
(2) 换向阀常见故障有哪些？如何进行维修？
(3) 气动系统的维护有哪些要点？
(4) 结合自动生产线实训设备,讨论如何做好定检。

子任务4 电气系统故障诊断与维修

一、任务目标

(1) 了解常见电器元件故障与排除方法。
(2) 理解并掌握电气系统故障查找的方法。
(3) 了解步进驱动系统常见故障及维修方法。
(4) 了解步进电机常见故障及维修方法。

二、任务内容

1. **常见电器元件的维修**

元件故障的种类很多,发生故障时的现象也表现各异,但从故障原因来划分大致可以分为自身故障、工作于过负荷状态下造成的故障和外界因素造成的故障三种,只有对故障的现象进行分析、找出产生故障的原因,才能采取有针对性的措施,准确而又迅速地排除故障。

表14.4.1～表14.4.4是对部分常用低压电器的常见故障现象进行故障原因的分析,并讨论相应的排除故障的方法。

表14.4.1　自动空气开关故障

故障现象	故障原因	排除方法
不能合闸	① 开关容量太大; ② 热脱扣器的热元件未冷却复原; ③ 锁链和搭钩衔接处磨损,合闸时滑扣; ④ 杠杆或搭钩卡阻	① 更换大容量的开关; ② 待双金属片复位后再合闸; ③ 更换锁链及搭钩; ④ 检查并排除卡阻
开关温升过高	① 触头表面过分磨损,接触不良; ② 触头压力过低; ③ 接线柱螺钉松动	① 更换触头; ② 调整触头压力; ③ 拧紧螺钉
电流达到整定值时开关不断开	① 热脱扣器的双金属片损坏; ② 电磁脱扣器的衔铁与铁心距离太大或电磁线圈损坏; ③ 主触头熔焊后不能分断	① 处理接触面或更换触头; ② 调整触头压力; ③ 拧紧螺钉
电流未达到整定值,开关误动作	① 整定电流调得过小; ② 锁链或搭钩磨损,稍受震动即脱钩	① 调高整定电流值; ② 更换磨损部件

表14.4.2　熔断器故障

故障现象	故障原因	排除方法
熔体电阻无穷大	熔体已断	更换相应的熔体
步进电机起动瞬间,熔体便断	① 熔体电流等级选择太小; ② 步进电机侧有短路或接地; ③ 熔体安装时受到机械损伤	① 更换合适的熔体; ② 排除短路或接地故障; ③ 更换熔体
熔断器入端有电出端无电	① 紧固螺钉松脱; ② 熔体或接线端接触不良	① 调高整定电流值; ② 更换磨损部件

表14.4.3　按钮故障

故障现象	故障原因	排除方法
按下停止按钮被控电器未断电	① 接线错误; ② 线头松动搭接在一起; ③ 杂物或油污在触头间形成通路; ④ 胶木壳烧焦后形成短路	① 校对改正错误线路; ② 检查按钮连接线; ③ 清扫按钮开关内部; ④ 更换新品
按下起动按钮被控电器不动作	① 被控电器有故障; ② 按钮触头接触不良,或接线松脱	① 检查被控电器; ② 清扫按钮触头或拧紧接线

续表

故障现象	故障原因	排除方法
触摸按钮时有触电的感觉	① 按钮开关外壳的金属部分与连接导线接触; ② 按钮帽的缝隙间有导电杂物,使其与导电部分形成通电	① 检查连接导线; ② 清扫按钮内部
松开按钮,但触点不能自动复位	① 复位弹簧弹力不够; ② 内部卡阻	① 更换弹簧; ② 清扫内部杂物

表 14.4.4　行程开关故障

故障现象	故障原因	排除方法
挡铁碰撞行程开关后触头不动作	① 安装位置不准确; ② 触头接触不良或接线松动; ③ 触头弹簧失效	① 调整安装位置; ② 清刷触头或紧固接线; ③ 更换弹簧
无外界机械力作用,但触头不复位	① 复位弹簧失效; ② 内部撞块卡阻; ③ 调节螺钉太长,顶住开关按钮	① 更换弹簧; ② 清扫内部杂物; ③ 检查调节螺钉

2. 电气线路故障的维修

在进行电气线路检修过程中,常用的有经验法、检测法和一些其他的方法。

（1）经验法。

常用的经验法较多,可归纳如下：

① 弹压活动部件法。主要用于活动部件,如接触器的衔铁,行程开关的滑轮臂、按钮、开关等。通过反复弹压活动部件,使活动部件动作灵活,同时也使一些接触不良的触头得到摩擦,达到接触导通的目的。

② 电路敲击法。基本同弹压活动部件法,二者的区别主要是前者带电检查,而后者是在断电的过程中进行的。电路敲击法可用一只小的橡皮锤,轻轻敲击工作中的元件。如果电路故障突然排除,或者故障突然出现,都说明被敲击元件附近或者是被敲击元件本身存在接触不良现象。对正常电气设备,一般能经住一定幅度的冲击,即使工作没有异常现象,如果在一定程度的敲击下,发生了异常现象,也说明该电路存在着故障隐患,应及时查找并予以排除。

③ 元件替换法。对值得怀疑的元件,可采用替换的方法进行验证。如果故障依旧,说明故障点怀疑不准,可能该元件没有问题。但如果故障排除,则与该元件相关的电路部分存在故障,应加以确认。

④ 交换法。当有两台或两台以上的电气控制系统时,可把系统分成几个部分,将各系统的部件进行交换。当换到某一部分时,电路恢复正常工作,而将故障部分换到其他设备上时,其他设备也出现了相同的故障,说明故障就在该部分。

当只有一台设备,而控制电路内部又存在相同元件时,可以将相同元件调换位置,检查相应元件对应的功能是否得到恢复,故障是否又转到另外的部分。如果故障转到另外的部分,则说明调换元件存在故障;如果故障没有变化,则说明故障与调换元件没有关系。通过调换元件,可以不借用其他仪器来检查元件的好坏,因此可在检测条件不具备时采用。

⑤ 对比法。如果电路有两个或两个以上的相同部分时,可以对两部分的工作情况作一对比。因为两个部分同时发生相同故障的可能性很小,因此通过比较,可以方便地测出各种情况下的参数差异,通过合理分析,可以方便地确定故障范围和故障情况。例如,根据相同元件的发热情况、振动情况、电流、电压、电阻及其他数据,可以确定该元件是否过荷、电磁部分是否损坏、线圈绕组是否有匝间短路、电源部分是否正常等。使用这一方法时应特别注意,两电路部分工作状况必须完全相同时才能互相参照,否则不能比较,至少是不能完全比较。

⑥ 分割法。首先将电路分成几个相互较为独立的部分,弄清其间的联系方式,再对各部分电路进行检测,从而确定故障的大致范围。然后再将电路存在故障的部分细分,对每一小部分进行检测,再确定故障的范围,继续细分至每一个支路,最后将故障点查找出来。

以上所述的经验法还有很多。但经验法一般只能作为故障查找时的辅助手段,最终确定故障点时,仍需使用检测法进行确认。

(2)检测法。

检测法是指采用仪器仪表作为辅助工具对电气线路进行故障判断的检修方法。

① 测量电压法。

如图 14.4.1 所示的电路,故障现象是行程开关 SQ 和中间继电器 KA 的常开触点闭合时,按启动按钮 SB1,接触器 KM1 不吸合。

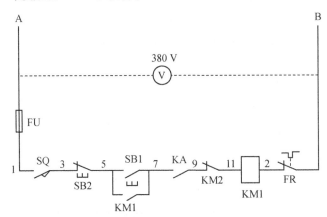

图 14.4.1　测量电压(电阻)法

用万用表测量电压的方法查找故障,若 $U_{AB}=380\text{ V}$,上述故障现象说明电路有断路之处,可用万用表测相邻两点间电压,如电路正常,除接触器线圈(1 点与 2 点之间)电压等于电源电压 380 V 外,其他相邻两点间的电压都应为 0;如有相邻两点间的电压等于 380 V,说明该两点间的触点或导线接触不良或断路。例如,3 点与 5 点之间的电压为 380 V,说明停止按钮 SB2 接触不良,当各点间的电压均正常时,只有接触器线圈 11 点与 2 点之间电压为 380 V,但不吸合,说明线圈短路或机械部分卡住。

测量电压法适合多种电气线路判断故障,这是一种简单、实用的方法。

② 测量电阻法。

若电阻测量的原理为在被测线路两端加一特定电源,则在被测线路中有一电流流过。被测线路的电阻越大,流过的电流就越小。反之,被测电阻越小,流过的电流就越大。这样在测量回路中,串接一电流表,就可根据电流表电流的指示换算出电阻的大小。

万用表的低阻档(R×1、R×10、R×100、R×1 k)一般采用的电源是 1.5 V 干电池,所以无论测量阻值多大,两表笔之间电压不超过 1.5 V,而高阻档则不同。为了补偿高阻档时工作电流的不足,采用了提高电源电压的方法。例如,MF500 型万用表,R×10 k 电阻档时所用的电池为 9 V 叠层电池,MF30 型万用表,则采用 15 V 叠层电池,而 MF95 型万用表,使用的是 22.5 V 的叠层电池。测绝缘电阻的兆欧表,采用手摇发电机获得高电压,可达数百伏至数千伏。

利用电阻表进行测量,主要判断线路的通断。例如,测量熔断器管座两端,如果阻值小于 0.5 Ω,则认为正常;如果阻值为几个欧姆,则认为接触不良,需进行处理;如果阻值超过 10 kΩ,则认为断线不通。

用万用表测量电阻的方法就是测试电路中相邻两点间的电阻,如两点间的电阻很大,说明该触点接触不良或导线断路。但要注意,因为接触器线圈匝数很多,测出的电阻较大,接触器是否有故障,可以用电压测量法再判断。测量电阻法是不加电源电压的,比较安全。但要注意对并联支路要先断开后再测量;测量数值较大的电阻时,应注意换档,以防仪表误差。

常用的测量数据见表 14.4.5。

表 14.4.5 元件电阻测量数据

名称	规格	电阻值
铜连接导线	10 m,1.5 mm²	<0.012 Ω
熔断器	小型玻璃管式 0.1 A	<3 Ω
接触器触头		<3 Ω
接触器线圈		20 Ω~10 kΩ
步进电机绕组	≤10 kW	1~10 Ω
	≤100 kW	0.05~1 Ω
	>100 kW	0.001~0.1 Ω
喇叭		4~16 Ω
控制电路		>10 Ω

(3) 短接法。

在各类故障中出现较多的是断路,包括导线断路、虚连、松动、触点接触不良、虚焊、假焊、熔断器熔断等。短接法就是用一根绝缘良好的导线,将所怀疑的短路部位短接起来,若电路工作恢复正常,说明该部位断路。此法要注意安全,勿触电;且本方法只适用于电压降极小的导线、电流不大的触点(5 A 以下),否则容易出事故。

3. **步进驱动系统故障诊断与维修**

简单来说,步进驱动系统包括步进电机和步进驱动器。

（1）步进驱动系统常见故障及排除。

步进驱动系统是开环控制系统中最常选用的伺服驱动系统。开环进给伺服系统的结构较简单，调试、维修、使用都很方便，工作可靠，成本低廉。在一般要求精度不太高的机床上曾得到广泛应用。使用过程中，步进驱动系统常见故障如下：

① 步进电机过热。步进电机过热，可能原因及故障排除见表14.4.6。

表14.4.6 步进电机过热的报警综述

故障现象	可能原因	排除措施
有些系统会报警，显示步进电机过热。用手摸步进电机，会明显感觉温度不正常，甚至烫手	工作环境过于恶劣，环境温度过高	重新考虑机床应用条件，改善工作环境
	参数选择不当，如电流过大，超过相电流	根据参数说明书，重新设置参数
	电压过高	建议稳压电源

② 工作中尖叫后不转。具体情况为加工或运行过程中，步进驱动器或步进电机发出刺耳的尖叫声，可能原因及排除措施见表14.4.7。

表14.4.7 步进驱动器或步进电机尖叫后不转的故障原因及排除措施

故障现象	可能原因	排除措施
驱动器或步进电机发出刺耳的尖叫声，然后步进电机停止运转	输入脉冲频率太高，引起堵转	降低输入脉冲频率
	输入脉冲的突调频率太高	降低输入脉冲的突调频率
	输入脉冲的升速曲线不够理想引起堵转	调整输入脉冲的升速曲线

③ 工作过程中停车。在工作正常的状况下，发生突然停车的故障。引起此故障的可能原因见表14.4.8。

表14.4.8 工作过程中停车的故障综述

故障现象	可能原因	排除措施
驱动电源故障	用万用表测量驱动电源的输出	更换驱动器
驱动电路故障	发生脉冲电路故障	
步进电机故障	绕组烧坏	更换步进电机
步进电机线圈匝间短路或接地	用万用表测量线圈间是否短路	
杂物卡住	可目测	消除外界的干扰因素

④ 工作噪声特别大。仔细观察加工或运行过程中，还有进二退一现象。可能原因及排除措施见表14.4.9。

表 14.4.9　工作噪声特别大的故障原因及排除措施

故障现象	可能原因	排除措施
低频旋转时有进二退一现象，高速上不去	检查相序	正确连接动力线
	步进电机运行在低频区或共振区	分析步进电机速度及步进电机频率后，调整加工切削参数
	纯惯性负载、正反转频繁	重新考虑次机床的加工能力
步进电机故障	磁路混合式或永磁式转子磁钢退磁后以单步运行或在失步区	更换步进电机
	如永磁单向旋转步进电机的定向机构损坏	更换步进电机

⑤ 无力或者是出力降低。即在工作过程中，有可能突然停止，俗称"闷车"，可能原因见表 14.4.10。

表 14.4.10　无力或者是出力降低的可能原因及排除措施

故障现象	可能原因	排除措施
驱动器端故障	电压没有从驱动器输出来	检查驱动器，确保有输出
	驱动器故障	更换驱动器
	步进电机绕组内部发生错误	
步进电机端故障	步进电机绕组碰到机壳，发生相间短路或者线头脱落	
	步进电机轴断	更换步进电机
	步进电机定子与转子之间的气隙过大	专业步进电机维修人员调整好气隙或更换步进电机
外部故障	电压不稳	重新考虑负载和切削条件
	会造成"闷车"的原因可能是：负载过大或切削条件恶劣	重新考虑负载和切削条件

⑥ 步进电机一开始就不转。造成此故障的可能原因及排除措施见表 14.4.11。

表 14.4.11　步进电机一开始就不转的故障综述

故障现象	可能原因	排除措施
步进驱动器故障	驱动器与步进电机连线断线	确定连线正常
	保险丝是否熔断	更换保险丝
	当动力线断线时,二线式步进电机是不能转动的,而三相五线制步进电机仍可转动,但力矩不足	确保动力线的连接正常
	驱动器报警(过电压、欠电压、过电流、过热)	按相关报警方法解除
	驱动器使能信号被封锁	通过 PLC 观察使能信号是否正常
	驱动器电路故障	最好用交换法,确定是否驱动器电路故障,更换驱动器电路板或驱动器
	接口信号线接触不良	重新连接好信号线
	系统参数设置不当,如工作方式不对	依照参数说明书,重新设置相关参数
步进电机故障	步进电机卡死	主要是机械故障,排除卡死的故障原因,经验证,确保步进电机正常后,方可继续使用
	长期在潮湿场所存放,造成步进电机部分生锈	更换步进电机
	步进电机故障	
	指令脉冲太窄、频率过高、脉冲电平太低	会出现尖叫后不转的现象,按尖叫后不转的故障处理
外部故障	安装不正确	一般发生在新机调试时,重新安装调成
	步进电机本身轴承等故障	重新进行机械的调整

⑦ 步进电机失步或多步。此故障引起的可能现象是工作过程中,配置步进驱动系统的轴突然停顿,而后,又继续走动。此故障的可能原因具体综述见表 14.4.12。

表 14.4.12 步进电机失步或多步的可能原因及排除措施

故障现象	可能原因	排除措施
步进电机尖叫	数控机床中与伺服驱动有关的参数设定、调整不当引起的	正确设置参数
步进电机不能旋转	保险丝是否熔断	更换保险丝
	动力线短线	确保动力线连接良好
	参数设置不当	依照参数说明书,重新设置相关参数
	步进电机卡死	主要是机械故障,排除卡死的故障原因,经验证,确保步进电机正常后,方可继续使用
	生锈或故障	更换步进电机
步进电机发热异常	动力线 R、S、T 连线不搭配	正确连接 R、S、T 线

（2）步进电机常见故障及维修。

步进电机常见故障见表 14.4.13。

表 14.4.13 步进电机常见故障综述

故障现象	可能原因	排除措施
步进电机尖叫	数控机床中与伺服驱动有关的参数设定、调整不当引起的	正确设置参数
步进电机不能旋转	保险丝是否熔断	更换保险丝
	动力线短线	确保动力线连接良好
	参数设置不当	依照参数说明书,重新设置相关参数
	步进电机卡死	主要是机械故障,排除卡死的故障原因,经验证,确保步进电机正常后,方可继续使用
	生锈或故障	更换步进电机
步进电机发热异常	动力线 R、S、T 连线不搭配	正确连接 R、S、T 线

3. 异步电机故障诊断与维修

异步电机故障通常分为电气和机械两个方面,电气故障占主要方面。常见异步电机故障及处理方法见表 14.4.14。

表 14.4.14 常见异步电机故障及处理方法

故障类型	故障原因	处理方法
不能启动	定子绕组相间短路、接地以及定、转子绕组短路	查找断路、短路、接地的部位,进行修复
	定子绕组接线错误	查找定子绕组接线,加以纠正
	负载过重	减轻负载
	轴承损坏或有异物卡住	更换轴承或清除异物
启动后无力、转速较低	定子绕组短路	查找断路的部位,进行修复
	定子绕组接线错误	检查定子绕组接线,加以纠正
	笼型转子断条或端环断裂	更换铸铝转子或更换、补焊铜条与端环
	绕线型转子绕组一相断路	查找断路处,进行修复
	绕线型集电环或电刷接触不良	清理与修理集电环,调整电刷压力或更换电刷
运转声音不正常	定子绕组局部短路或接地	查找断路或接地的部位,进行修复
	定子绕组接线错误	检查定子绕组接线,加以纠正
	定、转子绕组相摩擦	检查定、转子相摩擦的原因及铁心是否松动,并进行修复
	轴承损坏或润滑干涸	更换轴承或润滑脂
过热或冒烟	异步电机过载	应降低负载或换一台容量较大的异步电机
	电源电压较异步电机的额定电压过高或过低	应调整电源电压,允许波动范围为±5%
	定子铁心部分硅钢片之间绝缘不良或有毛刺	拆开异步电机检修定子铁心
	由于转子在运转时和定子相摩擦致使定子局部过热	拆开异步电机,抽出转子,检查铁心是否变形,轴是否弯曲,端盖是否过松,轴承是否磨损
	异步电机的通风不好	应检查风扇旋转方向,风扇是否脱落,通风孔道是否堵塞
	异步电机周围环境温度过高	应换以 B 级或 F 级绝缘的异步电机或采用管道通风
	定子绕组有短路或接地故障	拆开异步电机,抽出转子,用电桥测量各相绕组或各线圈的直流电阻,或用兆欧表测量对机壳的绝缘电阻,局部或全部更换线圈
	重绕线圈后的异步电机由于接线错误或绕制线圈时匝数错误	按正确接法检查或改正
	运转中的异步电机一相断路,如电源断一相或异步电机绕组断一相	分别检查电源和异步电机绕组

续表

故障类型	故障原因	处理方法
三相电流不平衡	三相电源电压不平衡	电压表测量电源电压
	定子绕组有部分线圈短路,同时线圈局部过热	用电流表测量三相电流或用手检查过热的线圈
	重换定子绕组后,部分线圈匝数有错误	可用双臂电桥测量各相绕组的直流电阻
	重换定子绕组后,部分线圈之间接线有错误	应按正确的接线方法改正接线
空载损耗变大	滚动轴承的装配不良,润滑脂的牌号不适合或装得过多	检查滚动轴承的情况
	滑动轴承与转轴之间的摩擦阻力过大	应检查轴颈和轴承的表面粗糙度、间隙及润滑油的情况
	异步电机的风扇或通风管有故障	检查异步电机的风扇或通风管道的情况
轴承过热	轴承损坏或内有异物	更换轴承或清除异物
	润滑脂过多或过少,型号选用不当或质量差	调整或更换润滑脂
	轴承装配不良	检查轴承或转轴、轴承与端盖的配合状况,进行调整或修复
	转轴弯曲	检查转轴弯曲状况,进行修复或调换
外壳带电	接地不良	检查故障原因,并采取相应的措施
	绕组绝缘损坏	检查绝缘损毁的部位,进行修复,并进行绝缘处理
	绕组受潮	测量绕组绝缘电阻,如阻值太低,应进行干燥处理或绝缘处理
	接线板损坏或污垢太多	更换或清理接线板

三、分析与总结

(1) 结合自动生产线实训设备的电气系统,排除电气线路的故障。
(2) 结合自动生产线实训设备的步进驱动系统,排除步进驱动系统的故障。
(3) 结合自动生产线实训设备的交流异步电机,排除交流异步电机的故障。

四、思考与练习

(1) 按钮常见故障有哪些?如何排除?
(2) 交流接触器常见故障有哪些?如何排除?
(3) 熔断器常见故障主要有哪些?如何排除?

（4）步进电机失步或多步的可能原因有哪些？如何排除？

（5）异步电机不能启动故障的原因有哪些？如何排除？

（6）异步电机过热故障原因有哪些？如何排除？

（7）异步电机运转声音不正常可能的故障原因有哪些？